Subhashini Devi Prattipati

Propagação de Sterculia urens Roxb. Utilizando abordagens de cultura de tecidos

Subhashini Devi Prattipati

Propagação de Sterculia urens Roxb. Utilizando abordagens de cultura de tecidos

ScienciaScripts

Imprint
Any brand names and product names mentioned in this book are subject to trademark, brand or patent protection and are trademarks or registered trademarks of their respective holders. The use of brand names, product names, common names, trade names, product descriptions etc. even without a particular marking in this work is in no way to be construed to mean that such names may be regarded as unrestricted in respect of trademark and brand protection legislation and could thus be used by anyone.

Cover image: www.ingimage.com

This book is a translation from the original published under ISBN 978-620-2-06824-6.

Publisher:
Sciencia Scripts
is a trademark of
Dodo Books Indian Ocean Ltd. and OmniScriptum S.R.L publishing group

120 High Road, East Finchley, London, N2 9ED, United Kingdom
Str. Armeneasca 28/1, office 1, Chisinau MD-2012, Republic of Moldova, Europe
Printed at: see last page
ISBN: 978-620-7-95546-6

ÍNDICE

INTRODUÇÃO GERAL

As árvores florestais são importantes para o nosso ambiente, como fonte de madeira e de uma série de outros produtos da nossa vida quotidiana. As práticas silvícolas convencionais e as técnicas de melhoramento genético contribuíram significativamente para o melhoramento das espécies de árvores florestais no passado e continuarão a ter um impacto substancial no ganho genético e na produtividade das espécies de árvores economicamente importantes, fornecendo melhor germoplasma e melhores práticas de gestão para as plantações florestais. Os métodos tradicionais de melhoramento são frequentemente limitados pelos longos ciclos reprodutivos da maioria das espécies de árvores e pela dificuldade em obter melhoramentos significativos de caraterísticas complexas, como as propriedades da madeira, o controlo de doenças e pragas e a tolerância a tensões abióticas. Na prática, os progressos significativos no melhoramento de muitas espécies de árvores são limitados devido ao longo período de tempo que decorre entre a germinação das sementes e a floração. A maioria das caraterísticas relevantes das árvores só pode ser avaliada quando a árvore atinge a maturidade.

As técnicas *in vitro* estão a ser cada vez mais aplicadas para complementar os métodos convencionais de reprodução e propagação vegetativa. A regeneração de plantas, a seleção de variantes genéticas e a propagação de caraterísticas desejáveis através da tecnologia de cultura de células e tecidos reduzirão o tempo e o espaço. O desenvolvimento de um protocolo de regeneração de plantas *in vitro* é um pré-requisito para os estudos de transformação genética. A micropropagação de espécies arbóreas oferece um meio rápido de produzir plantas clonais para a florestação, a produção de biomassa lenhosa e a conservação de germoplasma de elite e raro. Os programas acelerados de arborização, que combinam as técnicas tradicionais e sofisticadas de reprodução molecular, juntamente com a propagação clonal eficiente e pouco dispendiosa de clones superiores em grande escala, são elementos-chave para o êxito da recuperação e gestão das futuras florestas comerciais.

Um bom número de potenciais plantas medicinais e comercialmente importantes encontra-se na lista de espécies ameaçadas de extinção. Nos últimos anos, contudo, tornou-se difícil manter o fornecimento de plantas medicinais/comerciais importantes devido a vários factores, tais como a sua exploração, a falta de estratégias de conservação, o aumento dos custos de mão de obra e problemas económicos ou técnicos associados ao cultivo de árvores florestais. Assim, o presente trabalho é um desses tipos e a conservação das espécies de *Sterculia* através do método de micropropagação irá certamente ajudar muitas indústrias. Uma vez que os produtos (goma) obtidos a partir da *Sterculia urens* estão a ser utilizados nas indústrias farmacêutica, alimentar, do couro e têxtil, etc., o resultado do trabalho será certamente benéfico para várias indústrias. O presente trabalho também apresenta um potencial multidisciplinar e é relevante para a investigação atual.

Um dos eventos biológicos mais importantes no ciclo de vida de um organismo é a fertilização, que resulta na formação de um zigoto. A partir deste zigoto unicelular origina-se todo o corpo multicelular e multiorgânico de um organismo superior (Totipotência). A fim de fornecer informações sobre a inter-relação e a influência complementar a que estão expostas as células de um organismo multicelular, Haberlandt (1902) foi a primeira pessoa a cultivar células isoladas, em plena diferenciação, num meio nutritivo contendo glucose, peptona e solução salina de knops. Mais tarde, Gautheret, White e Nobecourt (1939) relataram, de forma independente, o estabelecimento de culturas de crescimento contínuo e recomendaram também a utilização de hormonas e de formulações adequadas de meios nutritivos. Skoog e Miller (1957) propuseram o conceito de controlo hormonal da formação de órgãos. Este conceito é atualmente aplicável a várias espécies. A diferenciação de plantas inteiras em cultura de tecidos pode ocorrer através da diferenciação de rebentos e raízes e, alternativamente, através da embriogénese somática. Nos últimos 20 anos, tem-se registado um interesse crescente na produção de produtos vegetais naturais de elevado valor através da cultura de células. Alguns compostos novos em cultura de células não são produzidos em plantas intactas.

CAPÍTULO - I

Indução de rebentos múltiplos a partir da utilização de diferentes explantes de *Sterculia urens* Roxb.

1.1. Introdução

A multiplicação de cópias geneticamente idênticas de uma planta por reprodução assexuada é designada por propagação clonal. A micropropagação é a propagação clonal de plantas por métodos *in vitro*. A vantagem mais significativa da micropropagação em relação aos métodos convencionais é o facto de, num espaço e tempo relativamente curtos, se poder produzir um grande número de plantas a partir de um único indivíduo. A micropropagação é o único aspeto da cultura de tecidos vegetais que foi documentado de forma mais convincente no que diz respeito à sua viabilidade para aplicação comercial e, consequentemente, tem sido amplamente utilizada para a propagação rápida e em grande escala de várias espécies de plantas.

A micropropagação envolve a cultura de explantes adequados de plantas vasculares (angiospérmicas, gimnospérmicas e pteridófitas) *in vitro* e a indução da formação de gemas adventícias, rebentos, embrióides ou plantas inteiras. Isto envolve a cultura de explantes esterilizados num meio adequado e a produção de rebentos a partir de explantes e, posteriormente, a transferência destes rebentos para um meio adequado para enraizamento, seguido de plantação no solo e aclimatação.

A árvore *Sterculia urens* está a tornar-se ameaçada de extinção, pelo que a multiplicação desta árvore em grande escala é uma necessidade imediata. Assim, utilizando combinações de auxinas e citocininas com diferentes explantes, foi testada a sua multiplicação em cultura para padronizar um protocolo de micropropagação.

1.2. Micropropagação em árvores

De um modo geral, as plantas lenhosas são difíceis de regenerar em condições *in vitro*, mas anteriormente foi alcançado algum sucesso nalgumas espécies de árvores (Raghava Swamy *et al.*, 1992; Upreti e Dhar, 1996; Monteuuis e Bon, 2000; Nanda *et al.*, 2004). As principais descobertas sobre as aplicações da tecnologia de cultura de tecidos incluem as árvores florestais como *Dalbergia sissoo* (Pradhan *et al.*, 1998), *Pterocarpus marsupium* (Anis *et al.*, 2005), *Pterocarpus santalinus* L (Prakash *et al.*, 2006), *Albizia lebbeck* (Mamun *et al.*, 2004) e *Albizia odoratissima* (Rajeswari e Paliwal, 2006), etc. Entre as espécies lenhosas, Durzan (1980) analisou o crescimento e o desenvolvimento de embriões de pinus e outras coníferas. Até 1975, a tecnologia de cultura de tecidos de espécies de madeira dura implicava a produção de calos, o que não era adequado para a propagação de plantas, uma vez que se depara com instabilidade genética. A cultura *in vitro* de espécies de folhosas economicamente importantes está a ganhar força. Bonga e Durzan (1987) analisaram os problemas associados à tecnologia de cultura de tecidos de árvores maduras. Mascarenhas e Muralidhan (1989) iniciaram o trabalho de investigação sobre a tecnologia de cultura de tecidos em espécies arbóreas na Índia.

Recalcitrância das árvores adultas

Durante as últimas décadas, a produção comercial de árvores florestais através da tecnologia de cultura de tecidos passou de uma possibilidade futura para uma realidade em rápida expansão. Um desenvolvimento espetacular foi a obtenção de embriogénese somática num grande número de espécies lenhosas. Contudo, este sucesso restringe-se a embriões zigóticos e explantes de plântulas jovens (Gupta *et al.*, 1993). Em muitas espécies lenhosas, mesmo a propagação através da proliferação de rebentos só foi bem sucedida com tecidos juvenis (Thorpe *et al.*, 1991). Quando as árvores têm idade suficiente, tornam-se recalcitrantes para a cultura de tecidos.

Foi relatado que, geralmente, o potencial organogénico e a percentagem de enraizamento diminuíram quando as plantas-mãe tinham mais de dez anos (Mascoarhas e Muralidhan, 1989). Os explantes derivados de plântulas, sendo juvenis, são frequentemente utilizados para micropropagação, uma vez que são fáceis de estabelecer em cultura (Aitken-Christie e Connett, 1992) e mais reactivos do que os explantes derivados de árvores maduras (Pradhan *et al.*, 1998). A maioria das espécies lenhosas segrega em termos de caraterísticas fenotípicas quando propagadas por sementes, pelo que as plantas regeneradas *in vitro* a partir de explantes de plântulas apresentariam uma variação genética inerente. No entanto, isto pode ser controlado utilizando uma população de sementes de elite, como foi selecionado por Pradhan *et al* (1998) para o seu estudo sobre a propagação de *Dalbergia sissoo*.

De acordo com Sanjaya *et al* (2006), em *Santalum album*, a propagação natural ocorre principalmente através de sementes, no entanto, as plântulas são extremamente heterozigóticas devido a cruzamentos e são recalcitrantes à propagação *in vivo* e *in vitro*, para a qual apenas se obteve sucesso limitado até à data, pelo que os explantes de material vegetal maduro são vantajosos. No entanto, tal como acontece com as sementes, os explantes juvenis são de genótipo desconhecido, o que dificulta a propagação de árvores selecionadas, o que só pode ser conseguido através da propagação de plantas adultas.

Estudos de regeneração em árvores

A micropropagação de espécies arbóreas contribui para a conservação de germoplasma de elite e raro. A regeneração de árvores pode ser conseguida através da utilização de diferentes explantes

Cotilédone e folha como explantes

A regeneração de plantas foi conseguida utilizando cotilédones como explantes em várias espécies de plantas *Glycine max* (Mante *et al.*, 1989), *Cucurbita pepo* (Anantha Krishnan *et al.*, 2003), *Cucurbita maxima* Duch.(Lee *et al.*, 2003), *Citrullus lanatus* (Micheal, 1999), etc. Em rícino *(Ricinus communis* L. Yeh-Jin Ahn e Grace Qianhong Chen, 2008), a taxa de regeneração de rebentos foi elevada em MS suplementado com 5 µM TDZ utilizando cotilédones como explantes. No entanto, existem poucos relatos de árvores lenhosas que utilizam cotilédones como explantes. A micropropagação de espécies de Tamarindus foi registada a partir de cotilédones por Jaiwal e Gulati (1991). A organogénese indireta de *Mimosa pudica* L utilizando explantes de cotilédones e hipocótilos foi referida por Gharyal e maheswari (1982).

Nas árvores lenhosas, a folha foi utilizada como explante com a intenção de desenvolver embriogénese somática direta ou indireta. Quando se utilizou a folha como explante em *Oplopanax elatus*, uma espécie arbórea ameaçada de extinção, observaram-se calos não embriogénicos em meio MS suplementado com 2,4-D isoladamente e também em combinação com TDZ (Heung Kyu Moon *et al.*, 2006). Enquanto que os calos embriogénicos, capazes de regenerar plantas, foram induzidos apenas a partir de embriões zigóticos maduros. Isto sugere que a seleção da fonte de explantes adequada é fundamental para o êxito da indução de calos embriogénicos em O. *elatus.* A folha também foi utilizada como explante em árvores como *Citrus aurantifolia* e *Citrus sinensis* (Rashad Mukhtar *et al.*, 2005), *Terminalia chebula* Retz (Anjaneyulu *et al.*, 2004) quando cultivada em meio MS suplementado com 2,4 D e leite de coco ou meio MS contendo 30 g/lit de sacarose e 0,5 mg/lit de BAP tem o maior potencial embriogénico.

6

Explante nodal: A abordagem de proliferação de gemas axilares resulta tipicamente num aumento de muitas vezes no número de rebentos, passagens de cultura frequentes (3-4 semanas) tornam viável a obtenção do maior número possível de propágulos a partir de um único explante (Raghava Swamy *et al.*, 1992). A indução da proliferação de gemas axilares parece ser aplicável como um meio de micropropagação em muitas árvores lenhosas (Tomar e Gupta, 1988). O método mais utilizado para a propagação de plantas *in vitro* é a estimulação do desenvolvimento de gemas axilares. Na presença de citocinina/s, a dormência dos gomos é quebrada e os ramos axilares proliferam (Thorpe e Vasil, 1994). O meio MS tem sido frequentemente utilizado para a micropropagação de um grande número de plantas (Feyissa, 2005).

Os relatórios de Raghava Swamy *et al* (1992) em *Dalbergia latifolia* mostram que a iniciação de rebentos a partir de explantes nodais com meristemas axilares foi melhor do que o meristema apical e também o meio MS completo foi melhor do que o meio MS reduzido de elementos principais e o meio de plantas lenhosas (WPM). De acordo com Gulati e Jaiwal (1996), os botões axilares em explantes nodais desenvolveram-se diretamente em rebentos únicos em meio MS basal, mas a adição de BAP ($4,4 \times 10^{-7}$ M) produziu o número máximo de rebentos em *Dalbergia sissoo*.

A superioridade do BAP sobre outras citocininas em cultura de tecidos foi relatada por Sha Valli Khan *et al* (1997), Chand e Singh (2004a) em plantas perenes de madeira como *Syzygium alternifolium* e *Pterocarpus marsupium*. O efeito inibitório do BAP em concentrações mais elevadas foi registado em *P. marsupium* por Anis *et al* (2005). De acordo com Prakash *et al* (2006), foi observada a maior percentagem de brotação de segmentos nodais (74%-75%) em *Pterocarpus santalinus* L. quando foi utilizada uma combinação de 4,4 mM de BAP e 2,2 mM de TDZ.

Rathore *et al.* (2008), em *Terminalia bellerica*, registaram a ausência de formação de rebentos em meio MS desprovido de citocininas, mas a percentagem de rebentos de explantes nodais aumentou com o aumento da concentração de citocininas, tanto para BAP como para KIN. O comprimento dos rebentos axilares também variou com o tipo e a concentração de citocinina. Uma concentração mais elevada de citocinina inibiu a germinação geral dos rebentos. Resultados semelhantes foram observados em *Ficus benghalensis* L. (Rahman *et al.*, 2004).

Explante de nó cotiledonar

Muitas espécies arbóreas foram propagadas com êxito *in vitro* através da proliferação axilar a partir de nós cotiledonares de plântulas, *Dalbergia sissoo* (Pradhan *et al.*, 1998), *Pterocarpus marsupium* (Anis *et al.*, 2005), *Albizia lebbeck* (Mamun *et al.*, 2004) e *Albizia odoratissima* (Rajeswari e Paliwal, 2006), etc.

Os relatórios de Pradhan *et al* (1998) em *Dalbergia sissoo* mostraram a indução de rebentos múltiplos em BAP e TDZ dentro de 4-6 dias, mas os rebentos múltiplos induzidos em meio contendo TDZ, não conseguiram alongar-se e ficaram frequentemente fascinados. O papel do TDZ na indução de rebentos axilares e adventícios em muitas espécies de árvores, especialmente as recalcitrantes, foi relatado por Huetteman e Preece (1993). Shyamkumar *et al* (2003) registaram um número máximo de rebentos (6,4 rebentos por nó cotiledonar) em meia força MS+GA3+IBA+BAP após 4 semanas de cultura em *Terminalia chebula*. A ação sinérgica de uma combinação de duas ou mais citocininas foi relatada em nós cotiledonares de *Eclipta alba*, onde o número máximo de rebentos foi produzido em meio MS contendo BAP (4,4 mM)+KIN (4,6 mM)+2-iP (4,9 mM)+GA3 (1,4 mM)+5% de água de coco (Baskaran e Jayabalan, 2005).

Rajeswari e Paliwal (2006) registaram um aumento da regeneração de rebentos em meios com uma combinação de BAP (10 mM) e 2-iP (10 mM) em *Albizia lebbeck*. Husain (2007) observou a maior frequência de regeneração de rebentos (90%) e o número máximo de rebentos (15,2±0,2) a 0,4 µMTDZ a partir de nós cotiledonares de plântulas com 18 dias de idade em *Pterocarpus marsupium* Roxb. A presença contínua de TDZ inibiu o alongamento de rebentos e, por conseguinte, as culturas iniciadas com TDZ foram transferidas para BAP para o alongamento de rebentos.

Rajeswari e Paliwal (2008) referiram que os nós cotiledonares produziram um maior número de rebentos com BAP, enquanto os nós foliares produziram mais rebentos com KIN do que com BAP e 2-iP. Dos dois tipos de explantes testados, os nós cotiledonares apresentaram uma taxa de multiplicação de rebentos e um comprimento de rebentos significativamente mais elevados do que os nós foliares. Altas concentrações (5 e 10 µM) de BAP mostraram um crescimento prolífico de calos na extremidade do corte basal. Resultados semelhantes foram observados em nós cotiledonares de *Pterocarpus marsupium* (Anis *et al.*, 2005), onde os nós das folhas apresentaram o número máximo de rebentos em meio MS com 10 *µM* de BAP; no entanto, KIN e 2-iP não conseguiram induzir a formação de rebentos múltiplos e produziram rebentos únicos.

1.3. Sterculiaceae

A família Sterculiaceae compreende cerca de 750 espécies (Core, 1955) de árvores, arbustos e, raramente, plantas herbáceas. Cerca de 50 géneros fornecem bebidas (*Theobroma cacao* L., cacau), masticatórios (Cola) e gomas (*Sterculia urens* Roxb. Thonner, 1963).

Theobroma cacao (cacau) é uma pequena árvore perene da família Sterculiaceae. Os métodos convencionais de reprodução utilizados no *Theobroma cacao* resultaram numa base genética muito estreita para os genótipos comerciais em todo o mundo. Normalmente, são necessários 3 a 6 anos para produzir um cacaueiro sexualmente maduro adequado para utilização num programa de melhoramento. O melhoramento de *T. cacao* utilizando técnicas modernas de melhoramento pode ser grandemente facilitado pela multiplicação de material de elite utilizando embriogénese somática (Maximova *et al.*, 2005).

A Sterculia foetida é outra grande árvore de folha caduca pertencente à família Sterculiaceae. O óleo das sementes é utilizado para doenças de pele e reumatismo. A casca e as folhas são consideradas diuréticas e aperientes (Kirtikar e Basu, 1935). A micropropagação de *Sterculia foetida* usando explantes de nó cotiledonar foi relatada por Anitha e Pullaiah (2001) onde relataram um número máximo de rebentos múltiplos com 4,0 mg/lit MS+ BAP.

Sterculia urens

A Sterculia urens é uma árvore de tamanho médio da família Sterculiaceae que cresce nas florestas de folha caduca dos distritos indianos de Andhra Pradesh (AP), Madhya Pradesh (MP), Rajasthan e Uttar Pradesh (UP). A árvore ocorre normalmente em florestas rochosas secas e é frequentemente associada à *Boswellia serrata*, sendo útil para o revestimento de terrenos nus e rochosos. A Karaya é também conhecida pelo nome de tragacanto indiano, pois assemelha-se geralmente à goma trangacanto obtida de espécies de *Astragalus* (Anónimo, 1992). O tragacanto é produzido nos países do sudoeste asiático, enquanto a goma karaya é quase inteiramente produzida na Índia.

A goma é muito procurada tanto dentro como fora da Índia. A goma tem numerosas aplicações industriais. A goma karaya é amplamente utilizada em várias indústrias totalmente não relacionadas devido às suas propriedades, tais como absorção de água, absorção de humidade, formação de gel e película, capacidade de adesão. É altamente resistente à hidrólise por ácidos suaves e à degradação pela maioria dos microorganismos. É utilizado como agente espessante na indústria têxtil, como aglutinante de pasta na indústria do papel, no fabrico de material de fibra de colagénio e na preparação de laxantes a granel (Howes, 1949; Hervey, 1963, patente dos EUA; Klose e Glickman, 1972; Whistler, 1973).

O desbaste comercial da karaya é efectuado com um machado, por meio de queimadura, descascamento ou cortes profundos na base do tronco. O objetivo dos vários métodos de desbaste é obter um rendimento máximo de goma. Mas o arranque das árvores tem um impacto importante na saúde da árvore (Fernandez, 1964) e acredita-se que um arranque pesado prejudica a fertilidade das sementes e, portanto, a regeneração (Howes, 1949). Por conseguinte, a desponta deve ser efectuada com o menor prejuízo possível para a saúde das árvores. Estes métodos são prejudiciais para as árvores, levando-as frequentemente à morte. Devido aos métodos grosseiros de extração de madeira e à exploração excessiva, a população de árvores de karaya diminuiu acentuadamente. Na ausência de cultivo das árvores em plantações regulares, existe uma grande preocupação quanto à perda de germoplasma selvagem de *Sterculia urens*. O Governo de MP, Rajastan e UP impôs uma proibição de extração e recolha de goma karaya para permitir a recuperação e regeneração da árvore (Nair *et al.*, 1995).

1.4. **Estudos de regeneração em *Sterculia urens***

A micropropagação de *S.urens* usando explantes de nó cotiledonar de mudas de 20 dias de idade foi relatada por Purohit e Dave (1996), onde a inoculação de nó cotiledonar em meio MS sem regulador de crescimento resultou em um único broto, mas o número de brotos por explante foi maior (4.3) em MS contendo 2.0mg/lit BAP seguido de B5 (Gamborg *et al*, 1968), ¾ MS, WP (Llyod e McCown, 1980), BTM (Chalupa, 1981) e Wh (White, 1963). A micropropagação de *S.urens* a partir de explantes nodais de árvores maduras selecionadas na fase de crescimento adulto foi feita por Sunnichan *et al* (1998). Uma média de seis rebentos adventícios foi obtida em 30 dias em meio MS suplementado com 6,62 mM BAP. Na ausência de BAP ou KIN, um único rebento emergiu da axila, e em concentrações mais elevadas de BAP e KIN o número de rebentos foi reduzido. Verificou-se que o KIN é menos eficaz do que o BAP na indução de rebentos e não houve aumento no número de rebentos em meio contendo BAP + KIN.

A cultura *in vitro* de nós cotiledonares de plântulas de *S.urens* com 15 dias de idade foi relatada por Hussain *et al* (2007) onde, TDZ a uma concentração de 2,27 µM é melhor com 83,3% de frequência de regeneração de rebentos. Estes botões apareceram como pequenas protuberâncias verdes que se alongaram em rebentos após 4 semanas de cultura. A micropropagação de *S.urens* a partir de plântulas intactas mostrou a proliferação direta de rebentos em meio MS suplementado com 5,0 µM TDZ + µ1,5 M GA$_3$ + 0,1% de ácido ascórbico (Hussain *et al.*, 2008), onde se formou um maior número de rebentos (14,0) em 8 semanas de cultura de sementes sem formação de raízes.

A sobre-exploração, a fraca germinação das sementes e a baixa sobrevivência das plântulas são os principais constrangimentos à disponibilidade sustentável da goma karaya. Embora a propagação vegetativa de algumas árvores lenhosas seja possível através de estacas, as estacas não enraízam facilmente devido a substâncias inibidoras (Patan, 1970). A propagação vegetativa de *Sterculia urens* é bastante difícil e leva muito tempo a multiplicar-se. Assim, a fim de satisfazer todas as aplicações acima referidas, a propagação *in vitro* é necessária para produzir um grande número de plantas num curto espaço de tempo e durante todo o ano com menos necessidade de espaço. Ao mesmo tempo, todas as limitações acima referidas levaram-nos a iniciar estudos de regeneração *in vitro* da *Sterculia urens*.

1.5. Indução de rebentos múltiplos

Material vegetal: As sementes de *Sterculia urens* foram recolhidas e utilizadas para estudos posteriores.

Produtos químicos utilizados: Os produtos químicos utilizados nas diferentes experiências são de qualidade pura e as suas fontes são as seguintes

• Todos os macro e micronutrientes, o stock de ferro do meio basal MS e a sacarose são da Qualigens.

• O mioinositol, o ágar, as vitaminas e os reguladores de crescimento das plantas são da Himedia.

• São utilizados objectos de vidro da Borosil e objectos de plástico da Tarson.

• Medidor de pH - Systronics, Medidor de pH digital 335.

• Unidade de fluxo de ar laminar - Klenzaids Gradvel estação de trabalho limpa de fluxo laminar.

- Meio basal MS

1.5.1. Composição do meio MS basal: (Murashige e Skoog, 1962)

A seguinte composição do meio MS basal foi utilizada para a regeneração a partir de diferentes explantes. Foram necessárias diferentes soluções de reserva para a preparação do meio basal MS.

Para um litro

Stock 1 (10x, Macronutrientes)	-	10 ml (Apêndice)
Stock 2 (100x, Micronutrientes)	-	1,0 ml (Apêndice)
Stock 3 (10x, stock de ferro)	-	10 ml (Apêndice)
Stock 4 (100x, Vitaminas)	-	1,0 ml (Apêndice)
Stock 5 (10x, $CaCl_2 2H_2O$)	-	10 ml (Apêndice)
Stock 6 (100x, KI)	-	1,0 ml (Apêndice)
Myo inositol-		100 mg
Sacarose-		30 gramas
Ágar-		8 gramas
pH-		5.6 - 5.8

1.5.2. Esterilização

Esterilização superficial das sementes: As sementes saudáveis foram colhidas e tratadas com ácido sulfúrico concentrado durante um minuto, lavadas cuidadosamente com água corrente da torneira e com Teepol a 5% (p/v) durante 10 minutos, seguido de tratamento com Bavistin (1%), um fungicida comercial, durante 5 minutos. Em seguida, as sementes foram esterilizadas à superfície com $HgCl_2$ a 0,1% (p/v) durante 5 minutos. Foram lavadas com água destilada esterilizada e deixadas de molho durante 24 horas.

Esterilização da superfície do explante

Cotilédone: As sementes embebidas durante 24 horas e esterilizadas à superfície foram retiradas e secas à superfície entre papéis de filtro Whatman n.º 1. O revestimento da semente foi removido com uma pinça de forma asséptica e os cotilédones foram separados e utilizados como explantes.

Folhas: Foram colhidas folhas jovens e frescas de plantas cultivadas no campo. A esterilização da superfície foi efectuada através da lavagem das folhas com água corrente da torneira e com Teepol a 5% (p/v) durante 5 minutos, seguida de tratamento com Bavistin (1%), um fungicida comercial, durante 5 minutos. Em seguida, as folhas foram esterilizadas à superfície com HgCl2 a 0,1% (p/v) durante 5 minutos e cuidadosamente lavadas com água destilada estéril.

Nó cotiledonar e segmento nodal: Para o nó cotiledonar e os segmentos nodais não foi necessária a esterilização de superfície, uma vez que foram excisados de plantas cultivadas *in vitro* com 15 dias e 30 dias de idade, respetivamente.

Esterilização da unidade de fluxo laminar: A unidade de fluxo de ar laminar foi esterilizada com álcool cirúrgico e exposta à luz UV durante 20 minutos antes da cultura.

Preparação e esterilização do meio de cultura: Foi utilizado o meio basal de Murashige e Skoog 1962 (MS) e também o meio MS suplementado com diferentes concentrações dos reguladores de crescimento BAP (1 a 5 mg/litro, apêndice), KIN (1 a 5 mg/litro, apêndice) e TDZ (0,1 a 0,5 mg/litro, apêndice), e também IBA (1 a 5 mg/litro, apêndice), IAA (1 a 5 mg/litro, apêndice), NAA (1 a 5 mg/litro, apêndice). O pH de todos os meios foi ajustado para 5,7 antes da autoclavagem. O meio, os utensílios de vidro, a água bidestilada, os papéis de filtro Whatman No.1, etc. foram esterilizados a 121^0 C a uma pressão de 15 lb/in^2 durante 20 minutos. O meio esterilizado foi vertido em tubos de cultura (Borosil, 25x150 mm) e frascos para bebés (250 ml) na unidade de fluxo laminar e bem tapados.

Preparação e esterilização de reguladores de crescimento de plantas: Diferentes hormonas vegetais como BAP, KIN, TDZ, IAA, IBA, NAA e 2,4-D foram dissolvidas em água destilada estéril (Apêndice) e adicionadas ao meio basal MS antes da autoclavagem.

1.5.3. Inoculação de explantes

Folha: As folhas esterilizadas à superfície foram secas entre papéis de filtro Whatman n.º 1. Depois as folhas foram cortadas com uma broca de cortiça e os discos de folhas foram inoculados em meio MS basal e também em meio MS suplementado com diferentes concentrações de reguladores de crescimento BAP (1 e 2 mg/lit), KIN (1 e 2 mg/lit) e TDZ (0,1 e 0,2 mg/lit) e também em BAP (0.5 mg/lit) + NAA (2 mg/lit), BAP (0,5 mg/lit) + NAA

(4 mg/lit), BAP (0,5 mg/lit) + 2,4 D (1 mg/lit) e BAP (0,5 mg/lit) + 2,4 D (2 mg/lit), TDZ (0.1 mg/lit) + NAA (2 mg/lit) e TDZ (0,1 mg/lit) + 2,4 D (2 mg/lit), respetivamente, com a face adaxial em contacto com o meio. A subcultura foi efectuada após 21 dias. Os resultados foram registados após quatro semanas. Para cada experiência foram utilizados 100 discos de folhas. A experiência foi repetida três vezes.

Nó cotiledonar: As sementes embebidas e esterilizadas à superfície foram secas à superfície em papel de filtro Whatman n.º 1 esterilizado e germinadas em meio MS suplementado com BAP (1,0 mg/litro) em frascos de 250 ml. Após 10-15 dias, os nós cotiledonares foram excisados e inoculados em meio MS basal e também em meio MS basal suplementado com TDZ (0,2 mg/litro). A subcultura no mesmo meio foi efectuada após 21 dias. Os resultados foram registados após 4 a 6 semanas. Para cada experiência foram utilizados 150 explantes. A experiência foi repetida três vezes.

Explantes nodais: Os explantes nodais foram excisados de plantas cultivadas *in vitro* com um mês de idade, consistindo em aproximadamente 3 a 4 nós abaixo do meristema apical, e foram inoculados em meio MS basal e também em meio MS suplementado com diferentes concentrações de reguladores de crescimento BAP (1 a 5 mg/litro), KIN (1 a 5 mg/litro) e TDZ (0,1 a 0,5 mg/litro). A subcultura foi efectuada no mesmo meio após 21 dias. Os resultados foram registados após 4 a 6 semanas. Para cada experiência foram utilizados 150 explantes. A experiência foi repetida três vezes.

Condições de cultura

Todas as culturas foram incubadas a $25\pm2°C$ com fotoperíodo de 16/8 horas e 60% de humidade relativa. A intensidade da luz de 40-50 μmol m^{-2} s^{-1} foi fornecida através de tubos fluorescentes brancos e frios.

Alongamento do rebento

Para facilitar o alongamento dos rebentos, os rebentos formados *in vitro* foram transferidos para meio MS suplementado com ácido giberélico (GA3, 3 mg/lit) durante um período de 3-4 semanas.

Análise estatística

Em todas as experiências, sempre que necessário, foi utilizado um desenho aleatório completo e os dados foram submetidos a uma análise de variância (ANOVA) unidirecional utilizando o software Minitab 15. Foi utilizado um nível de significância de 0,05 para todos os testes estatísticos.

1.6. Desenvolvimento de calos e rebentos:

1.6.1. Resposta da folha

Os discos de folhas quando cultivados em meio MS basal não mostraram qualquer resposta, mas em meio MS basal suplementado com reguladores de crescimento mostraram indução de calo. Quando os discos de folhas foram cultivados em meio MS suplementado com BAP (1,0 e 2,0 mg/lit), observou-se a formação de calos castanho-amarelados a partir da região das nervuras no prazo de 21 a 30 dias (Fig. 1.0, Tabela 1.0). Este calo não mostrou qualquer resposta organogénica após subcultura no mesmo meio, mas o tamanho do calo aumentou e observou-se o escurecimento do calo após alguns dias.

Os discos de folhas não mostraram qualquer formação de calo em meio MS basal suplementado com KIN (1 e 2mg/lit) mas as extremidades cortadas ficaram castanhas (Fig. 1.1). Os discos foliares aumentaram de tamanho e, em seguida, foi observada a iniciação de calos amarelados a partir das extremidades cortadas da região da nervura média dentro de 21-30 dias em meio MS basal suplementado com TDZ (0,1 e 0,2mg/lit) (Fig. 1.2). Este calo, quando subcultivado no mesmo meio, mostrou um aumento adicional no tamanho do calo sem organogénese.

Os discos foliares mostraram o desenvolvimento de calos brancos esverdeados a partir das nervuras em meio MS suplementado com BAP e NAA (0,5+2mg/lit e 0,5+4mg/lit) dentro de 21-30 dias (Fig. 1.5, Tabela 1.0). Este calo, quando subcultivado no mesmo meio, continuou a crescer sem organogénese. Os discos de folhas mostraram formação de calo amarelo acastanhado dentro de 21-30 dias (Fig. 1.4) em meio MS suplementado com BAP e 2,4 D (0,5+1mg/lit & 0,5+2mg/lit). Este calo não mostrou qualquer resposta organogénica mas observou-se embriogénese após subcultura e o tamanho do calo aumentou.

Os discos de folhas mostraram a formação de calos acastanhados e calos brancos amarelados dentro de 21-30 dias em meio MS suplementado com TDZ + NAA (Fig. 1.5) e TDZ + 2,4D (Fig. 1.5) respetivamente. Estes calos não mostraram qualquer resposta organogénica após subcultura no mesmo meio, mas há um aumento do tamanho do calo.

Tabela 1.0: Resultados do efeito hormonal em explantes de discos foliares

S. Não.	Tipo de meio	Conc. da hormona (mg/lit)	N.º de discos de folhas cultivados	N.º de explantes Respondido	% de resposta	Tipo de resposta
1	EM	00	100	00	00	Sem calosidades
2	MS+BAP	1.0	100	30	30	calo castanho-amarelado
3	MS+BAP	2.0	100	35	35	calo castanho-amarelado
4	MS+ KIN	1.0	100	00	00	Sem calosidades
5	MS+ KIN	2.0	100	00	00	Sem calosidades
6	MS+TDZ	0.1	100	68	68	calo amarelado
7	MS+TDZ	0.2	100	75	75	calo amarelado
8	MS+B+NAA	0.5+2.0	100	84	84	calo branco esverdeado
9	MS+B+NAA	0.5+4.0	100	96	96	calo branco esverdeado
10	MS+B+2,4 D	0.5+1.0	100	85	85	calo amarelo acastanhado
11	MS+B+2,4 D	0.5+2.0	100	88	88	calo amarelo acastanhado
12	MS+T+NAA	0.1+2.0	100	65	65	Calo castanho
13	MS+T+2,4D	0.1+2.0	100	71	71	calo amarelado

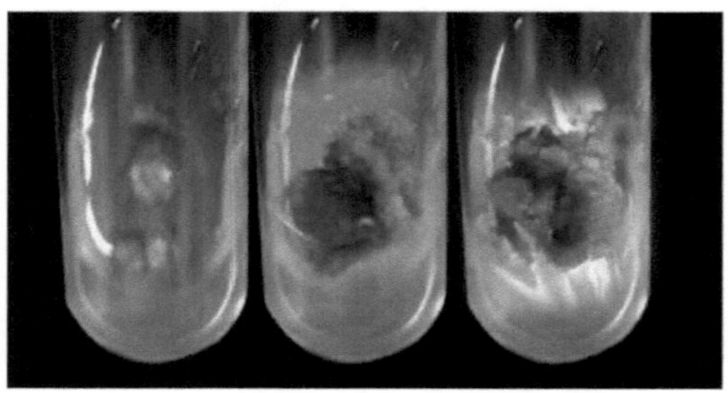

Figura 1.0: Resposta dos discos foliares em meio MS basal e meio MS basal suplementado com 1BAP, 2 BAP (mg/lit)

16

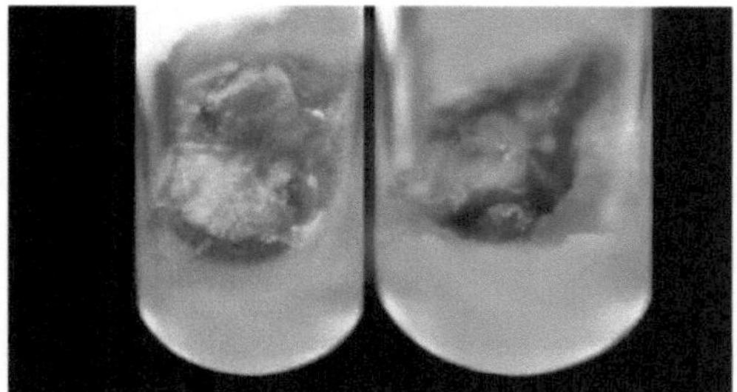

Figura 1.1: Resposta dos discos foliares em meio MS basal suplementado com 1 KIN, 2 KIN (mg/lit)

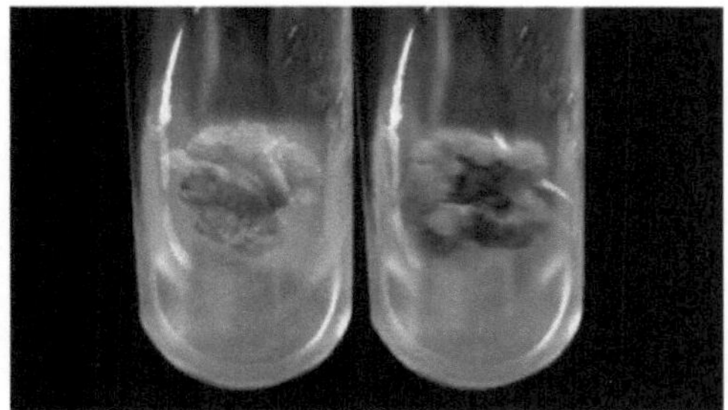

Figura 1.2: Resposta dos discos foliares em meio MS basal suplementado com 0,1 TDZ, 0,2 TDZ (mg/lit)

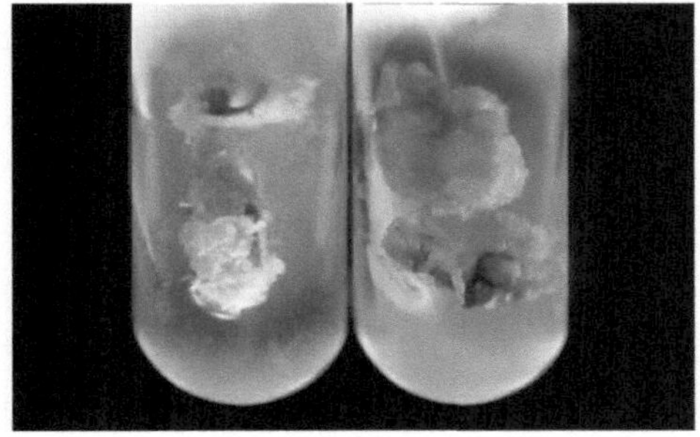

Figura 1.3: Resposta dos discos foliares em meio MS basal suplementado com 0,5 BAP+2 NAA e 0,5 BAP+4 NAA (mg/lit)

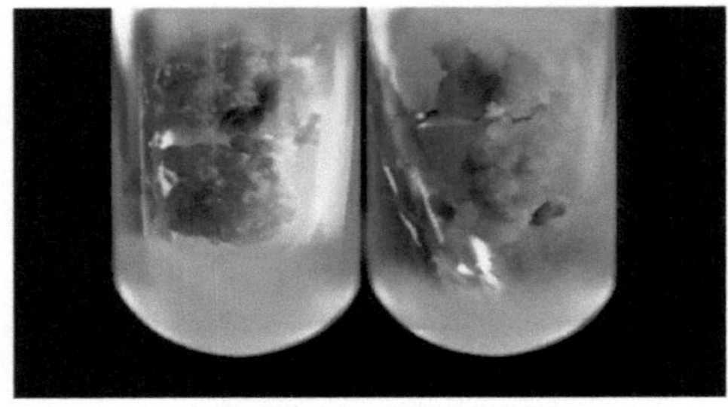

Figura 1.4: Resposta dos discos foliares em meio MS basal suplementado com 0,5 BAP+1 2, 4-D e 0,5BAP+2 2, 4-D (mg/lit)

Figura 1.5: Resposta dos discos foliares em meio MS basal suplementado com 0,1 TDZ+2 NAA (mg/lit) e 0,1 TDZ +2 2, 4-D (mg/lit)

Folha: Das cinco hormonas ou combinações hormonais testadas não há resposta em KIN mas a formação de calos foi observada em meio MS suplementado com BAP, TDZ, BAP+NAA, BAP+2,4 D e TDZ+NAA, TDZ+2,4 D. Mas a percentagem de resposta foi proeminente em meio MS suplementado com BAP+NAA seguido de TDZ do que com BAP e TDZ+NAA/2,4D. Mas nenhuma destas combinações resultou em calo embriogénico ou organogénico a partir de discos de folhas.

A combinação BAP+2,4-D mostrou desenvolvimento embriogénico até à fase globular. Uma vez que o calo obtido é de regiões meristemáticas de veias, presume-se que quando as concentrações internas e externas de citocinina e auxina se equilibraram, mostraram divisão apenas da região cambial (Webster *et al.*, 2006). Embora a embriogénese tenha sido iniciada, não pode continuar a crescer em culturas posteriores. É possível que as condições testadas não sejam suficientemente adequadas para o crescimento do embrião.

Os explantes nodais de plantas cultivadas *in vitro* com um mês de idade (Fig. 1.6) não mostraram formação de rebentos múltiplos, mas a emergência de rebentos únicos foi observada dentro de 21-30 dias em meio MS basal (Fig. 1.6, Quadro 1.1).

BAP: Os segmentos nodais mostraram o desenvolvimento de formação de calos acastanhados claros a partir de extremidades cortadas com rebentos múltiplos dentro de 21-30 dias em meio MS basal suplementado com BAP (1-5mg/lit). O número de rebentos múltiplos formados foi elevado em BAP (3,0mg/lit). Isto após subcultura adicional no mesmo meio produziu mais número de rebentos múltiplos (7,51±0,19, Fig. 1.7, Tabela 1.1). Com concentrações mais altas, o número de rebentos múltiplos diminuiu mas a resposta de calosidades aumentou. Assim, o BAP na concentração de 3,0mg/lit foi mais eficiente na indução de rebentos múltiplos quando comparado com outras concentrações.

KIN: Os segmentos nodais mostraram o desenvolvimento de formação de calos castanhos a partir de extremidades cortadas com rebentos múltiplos em 21-30 dias em meio MS basal suplementado com

KIN (1-5mg/lit). Mas o número de rebentos múltiplos formados (2,87±0,14) foi elevado em KIN (2,0mg/lit). Isto após subcultura adicional no mesmo meio não mostrou qualquer aumento no número de rebentos mas foi observado alongamento de rebentos (Fig. 1.8). Com concentrações mais altas, o número de rebentos múltiplos diminuiu mas a resposta de calosidades aumentou (Quadro 1.1).

TDZ: Os segmentos nodais mostraram uma formação proeminente de calos a partir de extremidades cortadas com rebentos múltiplos atrofiados no prazo de 21-30 dias em meio MS basal suplementado com TDZ (0,1-0,5mg/lit). Baixas concentrações de TDZ (0,1 e 0,2mg/lit) produziram um maior número de (8,68±0,17) rebentos múltiplos (Fig. 1.9). Após subculturas adicionais no mesmo meio, não se registou qualquer aumento no número de rebentos ou no alongamento dos mesmos. Por isso, foram transferidos para meio MS suplementado com GA3 (3,0mg/lit) para alongamento (Fig. 1.10). Com concentrações mais altas, o número de rebentos múltiplos diminuiu, mas a resposta de calosidades aumentou (Tabela 1.1). Assim, TDZ (0,2mg/lit) foi mais significativo na indução de rebentos múltiplos quando comparado com outras concentrações.

Das três hormonas utilizadas para a indução de rebentos múltiplos a partir de explantes nodais, o TDZ a concentrações mais baixas (0,2 mg/lit) deu o número máximo de (8,68±0,17) rebentos, seguido de BAP (3,0 mg/lit, 7,51±0,19) e KIN (2,0 mg/lit, 2,87±0,14) (Fig. 1.11, Quadro 1.1).

Tabela 1.1: Indução de rebentos múltiplos com diferentes citocininas substituídas em MS

Médio

Reguladores de crescimento de plantas (mg/lit)	N.º de explantes cultivados	N.º de explantes respondidos	Explantes nodais que produzem rebentos (%)	N.º de rebentos por explante *(±SE)
0.0	150	120	80.00	1.0 ± 0.00
BAP 1.0	150	124	82.67	2.69 ± 0.16
2.0	150	128	85.33	3.78 ± 0.19
3.0	150	136	90.67	7.51 ± 0.19
4.0	150	120	80.00	4.67 ± 0.15
5.0	150	114	76.00	2.82 ± 0.14
KIN 1.0	150	116	77.33	1.91 ± 0.13
2.0	150	120	80.00	2.87 ± 0.14
3.0	150	108	72.00	2.00 ± 0.14
4.0	150	104	69.33	1.69 ± 0.08
5.0	150	86	57.33	1.44 ± 0.08
TDZ 0.1	150	132	88.00	5.02 ± 0.13
0.2	150	138	92.00	8.68 ± 0.17
0.3	150	128	85.30	4.89 ± 0.10
0.4	150	116	77.30	3.28 ± 0.11
0.5	150	96	64.00	2.94 ± 0.10

*Os valores representam as médias (±SE) de três experiências independentes.

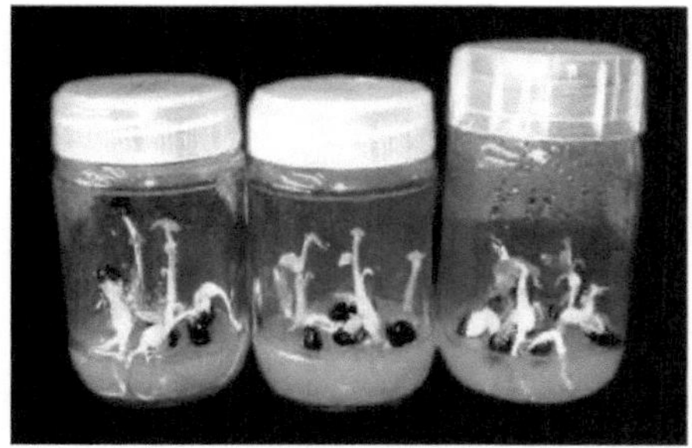

Figura 1.6: Plântulas com um mês de idade em meio MS basal suplementado com 1 BAP (mg/lit)

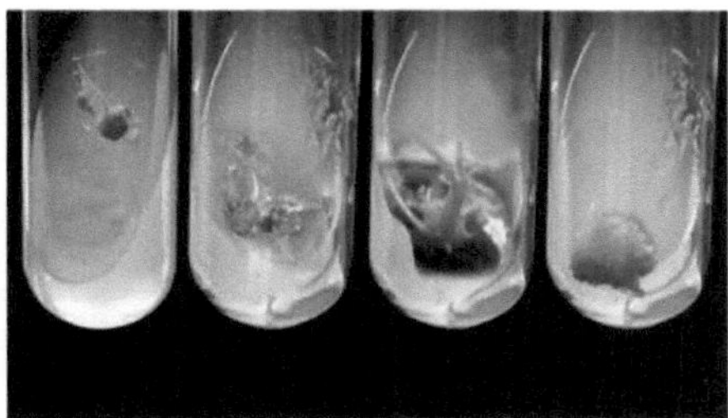

Figura 1.7: Resposta de segmentos nodais em meio MS basal e meio MS basal suplementado com 1 BAP, 3 BAP e 5 BAP (mg/lit)

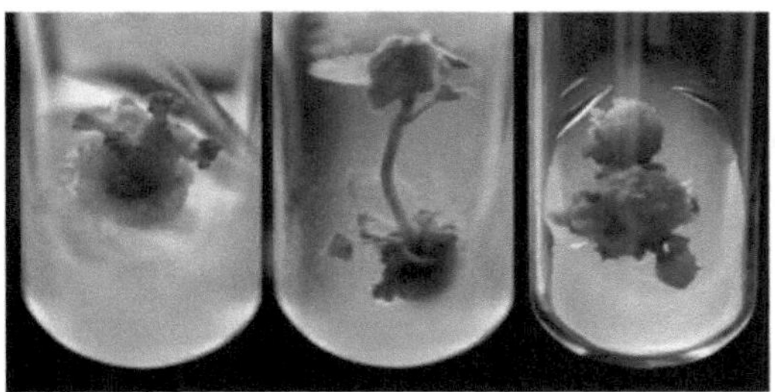

Figura 1.8: Resposta de segmentos nodais em meio MS basal suplementado com 1 KIN, 2 KIN e 5 KIN (mg/lit)

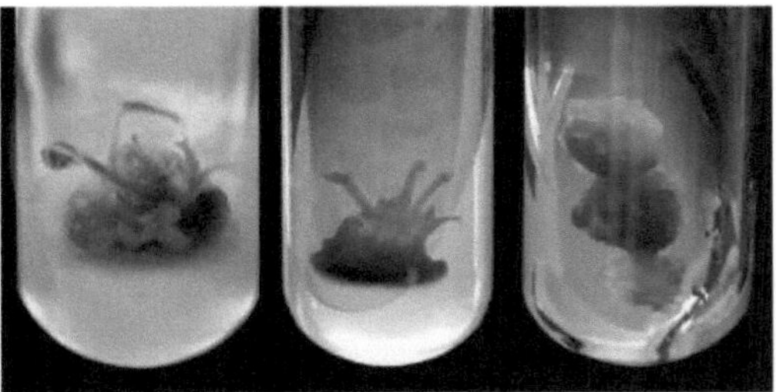

Figura 1.9: Resposta de segmentos nodais em meio MS basal suplementado com 0,1 TDZ, 0,2 TDZ e 0,5 TDZ (mg/lit)

Figura 1.10: Alongamento de rebentos atrofiados após transferência para meio MS basal suplementado com 3 GA3 (mg/lit)

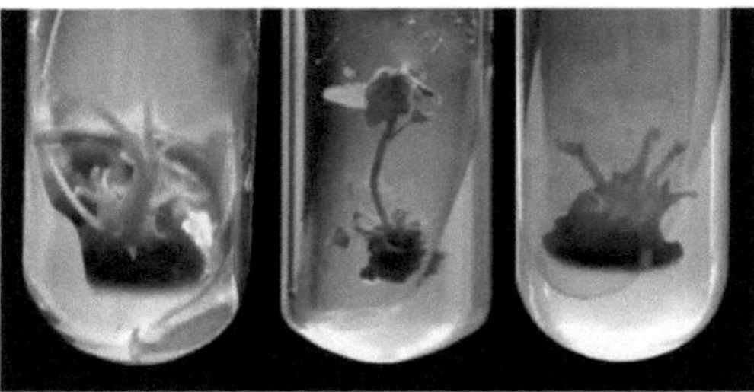

Figura 1.11: Resposta comparativa de segmentos nodais em meio MS basal suplementado com BAP, KIN e TDZ

Explantes nodais de vários meios testados, os melhores resultados foram obtidos com MS + TDZ. Os explantes nodais produziram rebentos únicos a partir de gemas axilares apenas em MS. Quando os explantes nodais foram cultivados, e foi fornecido um meio adequado, desenvolveram rebentos. Uma vez que a dominância apical é perdida, produziram rebentos únicos ou múltiplos apenas com MS ou MS+citocinina. Um dos principais determinantes da forma da planta é o grau de dominância apical. Embora a dominância apical possa ser determinada principalmente por auxinas, estudos fisiológicos indicam que as citocininas desempenham um papel na iniciação de gemas laterais (Tiez e zieger, 2002). A aplicação direta de citocininas nos gomos axilares de muitas espécies estimula a atividade de divisão celular e o crescimento dos gomos (Thorpe e Vasil, 1994). Apesar da ocorrência de citocininas endógenas em plantas inteiras, muitos tecidos e órgãos isolados *in vitro* não foram capazes de sintetizar estas substâncias suficientemente para sustentar o crescimento. Este é particularmente o caso dos tecidos de dicotiledóneas, onde é frequentemente necessário um baixo nível de citocinina (Tiez e zieger, 2002).

Os nossos resultados mostraram um número significativamente maior de rebentos em MS +

TDZ seguido de BAP e KIN. A superioridade do TDZ também foi registada em algumas árvores (Bates *et al.*, 1992). O TDZ é uma das várias fenil ureias substituídas e é ativo em concentrações mais baixas do que as citocininas à base de purinas. A eficácia do TDZ pode ser devida à sua resistência à citocinina oxidase (Mok *et al.*, 1987). A citocinina oxidase é uma enzima induzida por substrato que desempenha um papel importante na homeostase das citocininas nas plantas. No nosso estudo, embora tenham sido induzidos múltiplos rebentos em MS + TDZ, os rebentos não conseguiram alongar-se. Por conseguinte, foram transferidos para MS + GA3 para alongamento. Resultados semelhantes foram observados em *Dalbergia sissoo* (Pradhan *et al.*, 1998), *P.marsupium* (Hussain *et al.*, 2007) *Malus* (Van Nieuwkerk *et al.*, 1986) e *Rhododendron* (Preece e Imel, 1991). A inibição do alongamento dos rebentos pode dever-se à elevada atividade citocinina do TDZ, mesmo a baixas concentrações, tal como referido por Huetteman e Preece, (1993).

De acordo com Sunnichan *et al* (1998) explantes nodais de *Sterculia urens* de árvores adultas deram uma média de 6,0 rebentos/nó em MS + BAP. No presente estudo, foi formado um número significativamente maior de rebentos a partir de explantes nodais de plantas de um mês de idade cultivadas *in vitro* no mesmo meio, o que foi registado pela primeira vez em *Sterculia urens*. Este facto sugere que os explantes de plantas mais jovens têm maior capacidade de regeneração do que os explantes retirados de árvores adultas. Tal pode dever-se ao baixo nível de diferenciação e à natureza juvenil dos tecidos presentes nos explantes de plântulas. Foram registados resultados semelhantes em Eastern redbud (Distabanjong e Geneve, 1997), *P.marsupium* (Tiwari, 2004) e *Terminallia bellerica* (Rathore *et al.*, 2008), onde os explantes também foram isolados de plântulas.

1.6.3. Resposta do nó cotiledonar

Uma vez que os explantes nodais deram o número máximo (8,68±0,17) de rebentos múltiplos com TDZ (0,2mg/lit), estudámos a resposta do nó cotiledonar para a mesma concentração. Os explantes do nó cotiledonar deram o maior número (11,24±0,18) de rebentos múltiplos quando comparados com os explantes nodais (Fig. 1.12, Tabela 1.2).

Quadro 1.2: Efeito do TDZ na multiplicação de rebentos adventícios de explantes de nós nodais e cotiledonares

Tipo de explante	Conc. de TDZ (mg/lit)	N.º de explantes	N.º de explantes respondidos	Explantes CN produziram rebentos	N.º de rebentos por explante*(±SE)

		cultivados		(%)	
Nó(controlo)	0.0	150	120	80.00	1.0 ± 0.00
Nó	0.2	150	138	92.00	8.68 ± 0.17
Nó cotiledonar (controlo)	0.00	150	120	80.00	1.0 ± 0.00
Nó cotiledonar	0.2	150	144	96.00	11.24 ± 0.18

*Os valores representam as médias (±SE) de três experiências independentes.

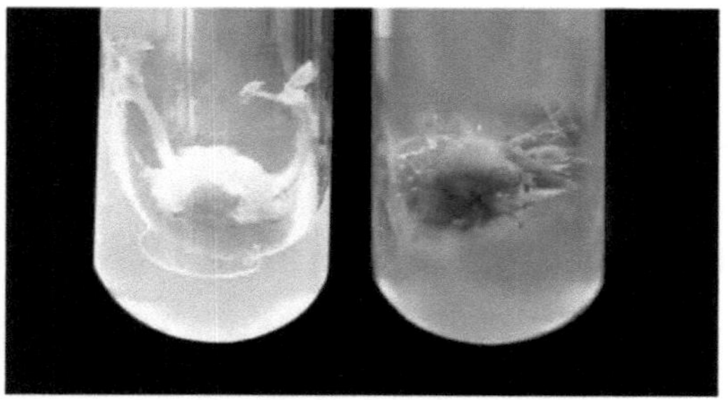

Figura 1.12: Resposta de segmentos de nódulos cotiledonares em meio MS basal e meio MS basal suplementado com 0,2 TDZ (mg/lit)

Os nossos resultados indicam que os explantes do nó cotiledonar de *Sterculia urens* têm uma capacidade regenerativa mais elevada do que os explantes nodais. Isto pode dever-se ao maior potencial embrionário dos nós cotiledonares. Foi demonstrado que o tipo de explante afecta a indução de rebentos múltiplos numa série de árvores, incluindo *Dalbergia sissoo* (Pradhan *et al.*, 1998), *Pterocarpus marsupium* (Anis *et al.*, 2005) *Albizia lebbeck* (Mamun *et al.*, 2004) e *Albizia odoratissima* (Rajeswari e Paliwal, 2006).

1.7. Conclusão

Em conclusão, o presente trabalho descreve um sistema de regeneração eficiente para *Sterculia urens* a partir de explantes nodais de plantas cultivadas *in vitro* com um mês de idade e também a partir de explantes de nó cotiledonar. O nó cotiledonar é melhor quando comparado com o nó, mas como utilizámos 3 a 4 nós de uma planta com um mês de idade, o número total de rebentos obtidos a partir de uma única planta foi maior no explante nodal do que no nó cotiledonar. A folha não tem potencial organogénico, mas o calo obtido pode ser utilizado para testar o potencial embriogénico em estudos futuros. O protocolo acima descrito oferece um sistema potencial para uma propagação e conservação em grande escala desta importante árvore produtora de goma e facilitaria a sua utilização em futuros programas de melhoramento de árvores utilizando técnicas de transformação genética.

25

CAPÍTULO - II

Enraizamento dos rebentos e aclimatação das plântulas às condições de campo

2.1. Introdução

A micropropagação tem sido amplamente utilizada para a multiplicação rápida de muitas espécies de plantas. No entanto, a sua utilização mais generalizada é limitada pela percentagem frequentemente elevada de plantas perdidas ou danificadas quando transferidas para condições *ex vitro* (estufa ou campo). Durante a cultura *in vitro*, as plântulas crescem em condições muito especiais em recipientes de cultura relativamente estanques ao ar. Estas condições resultam na formação de plântulas com morfologia, anatomia e fisiologia anormais (Buddendorf e Woltering, 1994). Assim, os transplantes devem passar por um período de aclimatação, mais especificamente um período de desenvolvimento translacional, para superar os efeitos da cultura *in vitro*. O sucesso final da propagação *in vitro* reside no estabelecimento bem sucedido das plantas no solo (Saxena e Dhawan, 1999).

A micropropagação de muitas plantas é conseguida através do estabelecimento de explantes, sendo o seu crescimento inicial *in vitro* seguido de transplante para a estufa ou para o campo. Durante a cultura *in vitro*, as plântulas crescem em condições muito especiais em recipientes de cultura relativamente estanques, onde a humidade do ar é mais elevada e a irradiância mais baixa do que na cultura convencional (Kozai, 1991). A utilização de recipientes fechados para evitar a contaminação microbiana diminui a turbulência do ar. Este facto aumenta as camadas limite das folhas e limita a entrada de CO_2 e a saída de produtos vegetais gasosos dos recipientes (Pospisilova *et al.*, 1992).

Os meios de cultura são frequentemente suplementados com sacarídeos como fontes de carbono e energia. Esta adição diminui consideravelmente o potencial hídrico do meio e aumenta o risco de contaminação bacteriana e fúngica (Kozai e Smith, 1995). Para além disso, as plântulas são normalmente alimentadas com grandes doses de reguladores de crescimento. Estas condições resultam na formação de plântulas com morfologia, anatomia e fisiologia anormais (Buddendorf e Woltering, 1994; Desjardins, 1995).

Após a transferência das condições *in vitro* para as condições *ex vitro*, as plântulas têm de corrigir as anomalias acima mencionadas (Bolar *et al.*, 1998). Na estufa e especialmente no campo, a irradiância é muito mais elevada e a humidade do ar muito mais baixa do que nos vasos. Mesmo que o potencial hídrico do substrato seja superior ao potencial hídrico dos meios com sacarose, as plântulas podem murchar rapidamente, uma vez que a perda de água das suas folhas não é limitada (Kadlecek, 1997). Além disso, o fornecimento de água pode ser limitado devido à baixa condutividade hidráulica das raízes e das ligações raiz-caule (Fila *et al.*, 1998). Muitas plântulas morrem durante este período. Por isso, após o transplante *ex vitro*, as plântulas precisam de algumas semanas de aclimatação com uma redução gradual da humidade do ar (Preece e Sutter, 1991).

Em muitas espécies de plantas, as folhas formadas *in vitro* não conseguem desenvolver-se mais em condições *ex vitro* e são substituídas por folhas recém-formadas (Preece e Sutter, 1991; Diettrich *et al.*, 1992). Contudo, se a transplantação *ex vitro* de plântulas for bem sucedida, o aumento do seu crescimento pode ser enorme. Em *Nicotiana tabacum*, a massa seca total das plantas foi várias vezes superior à das plântulas cultivadas *in vitro* e as plantas transplantadas eram mais altas, tinham maior massa seca de folhas, caules e raízes, e maior área foliar e espessura foliar (Kadlecek *et al.*, 1998). Durante a aclimatização de plântulas de *Spathiphyllum floribundum*, Van Huylenbroeck e De Riek (1995) observaram duas fases diferentes, um período de adaptação com crescimento lento de rebentos e formação de raízes, seguido de um período de crescimento rápido de raízes e rebentos.

2.2. Enraizamento de rebentos alongados

Após o alongamento, os rebentos de 2-3 cm de altura foram retirados e transferidos para meios MS de força total, meia força e um quarto de força. Os três meios acima referidos foram suplementados individualmente com diferentes concentrações de IBA (1 a 5 mg/litro), IAA (1 a 5 mg/litro) e NAA (1 a 5 mg/litro). Os resultados foram registados após seis semanas. Para cada experiência foram utilizados 150 rebentos. A experiência foi repetida três vezes.

Rebentos individuais com 4 ou 5 folhas foram transferidos de meio MS suplementado com GA3 (3,0mg/lit) para meio MS de força total, meia força e um quarto de força com e sem reguladores de crescimento. A resposta de enraizamento não foi observada no meio MS basal e também no meio MS de força total e de quarto de força suplementado com IAA, IBA e NAA.

Os rebentos não mostraram qualquer resposta de enraizamento em todas as concentrações de meio MS suplementado com IAA a 1/2 força (1-5mg/lit). No entanto, a resposta de enraizamento foi observada em meio MS de meia força suplementado com NAA (1- 5mg/lit) e IBA (1-5mg/lit) dentro de oito a dez semanas. A percentagem e o número médio de raízes variaram dentro e entre as hormonas. Em meio MS de meia força suplementado com IBA (4mg/lit), uma percentagem significativamente maior (78,33%) de rebentos produziu raízes, seguido por meio MS de meia força suplementado com NAA (3mg/lit) (73,33%) (Fig. 2.0, Tabela 2.0).

Tabela 2.0: Resposta de enraizamento de rebentos derivados *in vitro* em meio MS de meia-força com várias concentrações de IBA e NAA

Concentração de auxina (mg/lit)	N.º de explantes cultivados	N.º de explantes respondidos	Culturas que responderam (%)	Número médio de raízes por rebento* (±SE)
0.0	150	00	0.00	0.00 ± 00
IBA 1	150	70	46.67	2.71 ± 0.20
2	150	80	53.33	3.09 ± 0.20
3	150	97	65.00	3.90 ± 0.21
4	150	117	78.33	5.49 ± 0.39
5	150	105	70.00	3.95 ± 0.27
NAA 1	150	76	51.00	3.13 ± 0.20
2	150	90	60.00	3.78 ± 0.23
3	150	110	73.33	5.18 ± 0.38
4	150	97	65.00	4.36 ± 0.23
5	150	82	55.00	2.85 ± 0.14

*Os valores representam as médias (±SE) de três experiências independentes.

Figura 2.0: Resposta de enraizamento de rebentos derivados *in vitro* em meio MS basal de meia força suplementado com 4 IBA (mg/lit) e 3 NAA (mg/lit)

Os nossos resultados também mostraram que o IBA é mais eficaz na indução de raízes em meio MS de meia força e que o NAA está ao seu lado. Isto mostra que o IBA tem um efeito estimulante na indução de raízes de *Sterculia urens* quando comparado com outras auxinas. O IBA também tem um efeito estimulante na indução de raízes em muitas espécies, incluindo *Alnus glutinosa* (Perinet e Lalonde, 1983) e *Morus indica* (Chand *et al.*, 1995). Estes resultados são consistentes com os relatórios anteriores sobre *Sterculia urens* (Purohit *et al.*, 1995; Sunnichan *et al.*, 1998; Hussain *et al.*, 2007, 2008).

2.3. Aclimatação

Plântulas com raízes bem desenvolvidas foram retiradas do meio MS+IBA (1-5mg/lit) e também do meio MS+NAA (1-5mg/lit), lavadas cuidadosamente e transferidas para copos de plástico contendo terra de jardim autoclavada misturada com vermiculite e areia (1:1:1) e cobertas com sacos de polietileno perfurados para manter a humidade (70%). Foram irrigadas dia sim, dia não, com a solução de Hoagland (1950) e mantidas em condições de sala de cultura até ao aparecimento de novas folhas. A nova folha apareceu dentro de 15 - 20 dias. Mais tarde, os sacos de polietileno foram retirados e as plantas foram colocadas em condições de estufa. Foram aí mantidas durante oito a dez semanas. Uma vez adaptadas às condições ambientais, as plantas foram plantadas em condições normais de jardim no Department of Botany, Andhra University, Visakhapatnam, Andhra Pradesh, Índia.

Cerca de 300 plantas regeneradas *in vitro* foram transferidas para condições de campo. Destas, aproximadamente 70-75% das plantas sobreviveram e estabeleceram-se no campo (Fig. 2.1).

Figura 2.1: Aclimatização de plantas derivadas *in vitro* após três meses e seis meses

O sucesso da aclimatização *ex vitro* de plantas micropropagadas determina a qualidade do produto final e a viabilidade económica da empresa (Conner e Thomas, 1982). O sucesso pode ser alcançado através de um controlo ambiental cuidadoso durante a aclimatização.

Considerando as mudanças fisiológicas nas plantas micropropagadas, Kozai (1991) afirmou que muitos problemas de aclimatação permanecem sem solução, necessitando de mais estudos. As plantas estão expostas a um grande número de stresses abióticos e bióticos nos seus ambientes que podem, em conjunto ou separadamente, reduzir a sua aptidão. Por conseguinte, as plantas possuem uma grande variedade de caraterísticas defensivas para reduzir o impacto destas tensões na sua aptidão. Dado que a ocorrência de stresses bióticos e abióticos é muito variável no espaço e no tempo, e que vários stresses podem afetar as plantas simultaneamente, é evidente que as defesas das plantas e a expressão das defesas das plantas devem ser flexíveis, para permitir que as plantas apresentem sempre fenótipos defensivos adequados.

2.4. Conclusão

A partir do presente estudo, concluiu-se que as plantas derivadas *in vitro* de explantes nodais de *Sterculia urens* foram aclimatizadas com êxito, com uma maior percentagem de taxa de sobrevivência.

CAPÍTULO - III

Propagação clonal através da tecnologia de sementes sintéticas

3.1. Introdução

As sementes sintéticas são definidas como embriões somáticos encapsulados artificialmente, gemas de rebentos, agregados celulares ou qualquer outro tecido que possa ser utilizado para sementeira como semente e que possua a capacidade de se converter numa planta em condições *in vitro* ou *ex vitro* e que mantenha este potencial após o armazenamento (Capuano, 1998). Anteriormente, as sementes sintéticas referiam-se apenas aos embriões somáticos que eram de uso económico na produção de culturas e na entrega de plantas no campo ou na estufa (Gray e Purohit, 1991; Janick, 1993). No entanto, no passado recente, outros micropropágulos como rebentos, pontas de rebentos, calos organogénicos ou embriogénicos, etc., foram também utilizados na produção de sementes sintéticas. Assim, o conceito de semente sintética libertou-se das suas ligações à embriogénese somática e associa o termo não só à sua utilização (armazenamento e sementeira) e ao seu produto (plântula), mas também a outras técnicas de micropropagação, como a organogénese e o sistema de proliferação de gemas axilares melhoradas.

A tecnologia oferece excelentes possibilidades de propagação de híbridos raros, genótipos de elite e plantas geneticamente modificadas para as quais as sementes são muito caras ou não estão disponíveis. Nos últimos anos, foi realçada a utilização de sementes sintéticas para a conservação *ex situ* do germoplasma de espécies vegetais de elite e ameaçadas de extinção (Rao, 2004; Borner, 2006). O método atual de conservação destas espécies como plantas vivas em bancos de genes no terreno é dispendioso e está sujeito a perdas devido a catástrofes ambientais. Este problema poderia ser ultrapassado através da utilização de sementes sintéticas. Além disso, a tecnologia de sementes sintéticas permite a conservação *in vitro* de germoplasma clonal de um maior número de genótipos, uma vez que o problema do espaço é reduzido (Gray *et al.*, 1995). O encapsulamento em alginato constitui uma abordagem viável para a conservação *in vitro* de germoplasma, uma vez que combina as vantagens da multiplicação clonal com as da propagação e armazenamento de sementes (Standardi e Piccioni, 1998).

A produção de sementes sintéticas ajuda a minimizar o custo das plântulas micropropagadas para comercialização e entrega final. Na maioria das árvores, a propagação de sementes não tem sido bem sucedida devido à heterozigotia das sementes, à presença de endosperma reduzido e à baixa taxa de germinação. Muitas espécies têm sementes intermédias sensíveis à dessecação ou recalcitrantes e podem ser armazenadas apenas durante algumas semanas ou meses. Nestas circunstâncias, tem-se verificado recentemente um interesse crescente na utilização da tecnologia de encapsulamento para a propagação e conservação. As vantagens potenciais das sementes sintéticas incluem a sua designação como "materiais geneticamente idênticos", a facilidade de manuseamento e transporte, juntamente com o aumento da eficiência da propagação *in vitro* em termos de espaço, tempo, mão de obra e custo global (Nyende *et al.*, 2003). Devido a estas vantagens, existe um interesse crescente na utilização da tecnologia de encapsulamento em várias espécies de árvores.

A tecnologia de encapsulamento tem sido aplicada para produzir sementes sintéticas de várias espécies de plantas pertencentes a angiospérmicas e gimnospérmicas. No entanto, o seu número é bastante reduzido em comparação com o número total de espécies de plantas em que o sistema de regeneração *in vitro* foi estabelecido. A partir de estudos de germinação de sementes, verificámos que as sementes de *Sterculia urens* perdem a viabilidade à medida que o tempo avança. A percentagem de germinação das sementes diminui para menos de 50% após 6 a 8 meses de armazenamento e, além disso, a árvore está a tornar-se ameaçada devido à exploração excessiva. Tendo em consideração estes parâmetros, pretendemos desenvolver um protocolo para preservar o germoplasma de *Sterculia urens* encapsulando explantes de segmentos nodais em esferas de alginato de cálcio e utilizar estes botões encapsulados para propagação e conservação *ex situ*.

3.2. Tipos de sementes sintéticas

Com base na tecnologia estabelecida até à data, são conhecidos dois tipos de sementes sintéticas: *dessecadas* e *hidratadas*. As sementes sintéticas dessecadas são produzidas a partir de embriões somáticos nus ou encapsulados em polioxietilenoglicol (Polyox), seguindo-se a sua dessecação. Estes tipos de sementes sintéticas são produzidos apenas em espécies vegetais cujos embriões somáticos são tolerantes à dessecação. Pelo contrário, as sementes sintéticas hidratadas são produzidas nas espécies vegetais cujos embriões somáticos são recalcitrantes e sensíveis à dessecação. As sementes sintéticas hidratadas são produzidas através do encapsulamento dos embriões somáticos em cápsulas de hidrogel.

3.3. Tipos de matrizes utilizadas nas sementes sintéticas

A tecnologia das sementes sintéticas desenvolveu-se consideravelmente nos últimos anos. O conceito foi publicado pela primeira vez por Murashige (1977). A produção de sementes sintéticas pela primeira vez por Kitto e Janick (1982) envolveu o encapsulamento de embriões somáticos de cenoura, seguido da sua dessecação. Redenbaugh *et al* (1984) desenvolveram uma técnica de encapsulamento em hidrogel de embriões somáticos individuais de luzerna. Desde então, o encapsulamento em hidrogel é o método mais estudado de produção artificial de sementes (Redenbaugh e Walker 1990; Mckersie, 1993). Várias substâncias, como o alginato de potássio, o alginato de sódio, a carragenina, o ágar, a gelrite, o pectato de sódio, etc., foram testadas como hidrogéis, mas o gel de alginato de sódio é o mais popular (Redenbaugh *et al.,* 1993). O hidrogel de alginato é frequentemente selecionado como matriz para sementes sintéticas devido à sua viscosidade moderada e à baixa capacidade de espiralização da solução, à baixa toxicidade para os embriões somáticos e à rápida gelificação, ao baixo custo e às caraterísticas de biocompatibilidade. A utilização de ágar como matriz de gel foi deliberadamente evitada, uma vez que é considerada inferior ao alginato no que respeita ao armazenamento a longo prazo (Redenbaugh *et al.*, 1984).

O alginato melhora a formação da cápsula e a rigidez das esferas de alginato proporciona uma melhor proteção (do que o ágar) aos embriões somáticos encapsulados contra lesões mecânicas. O alginato é um ácido poliurónico coloidal de cadeia linear, hidrofílico, composto principalmente por resíduos de ácido hidro-β-D-manurónico com ligações 1-4. O princípio fundamental do processo de encapsulamento em alginato é que as gotas de alginato de sódio que contêm os embriões somáticos, quando mergulhadas na solução de $CaCl_2.2H_2O$, formam esferas redondas e firmes devido à troca iónica entre o Na^+ do alginato de sódio e o Ca^{2+} da solução de $CaCl_2.2H_2O$. A dureza ou rigidez da cápsula depende principalmente do número de iões de sódio trocados com iões de cálcio.

Por conseguinte, a concentração dos dois agentes gelificantes, isto é, alginato de sódio e $CaCl_2.2H_2O$, e o tempo de complexação devem ser optimizados para a formação da cápsula com uma dureza e rigidez óptimas do grânulo (Fujii, 1987). Em geral, 3% de alginato de sódio após complexação com 75 mM de $CaCl_2.2H_2O$ durante meia hora proporciona uma dureza e rigidez óptimas para a produção de sementes sintéticas viáveis (Fujii, 1987).

Para evitar a contaminação bacteriana, Ganapathi *et al* (1992) adicionaram à matriz de gel uma mistura de antibióticos (0,25 mg/litro) contendo rifampicina (60 mg), cefatoxima (250 mg) e tetraciclina HCl (25 mg) dissolvida em 5 ml de dimetilsulfóxido. Foi também adicionado carvão ativado (0,1%) à matriz para absorver os exsudados de polifenóis dos rebentos de bananeira encapsulados.

3.4. Sementes sintéticas de espécies arbóreas

A tecnologia das sementes sintéticas oferece um meio eficaz para a propagação clonal em massa de espécies vegetais. No entanto, restringiu-se sobretudo a plantas em que a embriogénese somática foi documentada. Em resposta a este problema, a possibilidade de utilizar propágulos vegetativos não embriogénicos, tais como rebentos apicais/gomos axilares/segmentos nodais para a produção de sementes sintéticas, foi explorada por vários trabalhadores, com diferentes graus de sucesso (Ballester *et al.*, 1997; Sarkar e Naik, 1998; Adriani *et al.*, 2000). Posteriormente, esta tecnologia foi alargada a uma grande variedade de espécies vegetais, incluindo cereais, legumes, frutos, plantas ornamentais, plantas aromáticas medicinais e coníferas (Fowke *et al.*, 1994; janeiro *et al.*, 1997; Castillo *et al.*, 1998). O maior potencial de aumento de escala, os baixos custos de produção, a facilidade de armazenamento e transporte são as principais vantagens da tecnologia de sementes sintéticas (Ghosh e Sen, 1994). O encapsulamento de pontas de rebentos em alginato de cálcio oferece uma opção que poupa espaço para o armazenamento a baixas temperaturas (Lisek e Olikowska, 2004).

Vikas Srivastava *et al* (2009) estudaram o encapsulamento de microssulcos de *Cineraria maritima*, que mostraram um novo crescimento mesmo após 6 meses de armazenamento a 25 $\pm 2^0$ C em condições de humidade. A frequência de rebrota foi de 82%. A propagação através do encapsulamento em alginato de gemas axilares de *Cannabis sativa* L. foi estudada por Lata *et al* (2009), onde relataram que o encapsulamento dos segmentos nodais que contêm gemas axilares resultou na ampliação da técnica de micropropagação. De acordo com eles, o encapsulamento de gemas axilares economizou eficientemente os requisitos de meio, espaço e tempo. Os explantes encapsulados utilizam apenas 300 ml de meio MS para a preparação de 250 pérolas com um explante cada e produzem 250 plântulas em condições *in vitro*. Já para a produção do mesmo número de plântulas a partir de gemas axilares sem encapsulamento, são necessários 6,5 litros de meio MS e um número maior de tubos.

Jaydip *et al* (2000) relataram o encapsulamento dos gomos axilares de *Ocimum americanum* L. (manjericão), *O. basilicum* L. (manjericão doce), *O. gratissimum* L. (manjericão arbustivo) e *O. sanctum* L. (manjericão sagrado) em gel de alginato de cálcio com crescimento subsequente em vários meios. Segundo eles, os botões encapsulados em alginato podem manter a sua viabilidade até 60 dias e a frequência da emergência de rebentos diminuiu acentuadamente. As pontas de rebentos encapsuladas em alginato de *Cedrela odorata, Guazuma crinita* e *Jacaranda mimosifolia* não sofreram alterações acentuadas quando armazenadas durante 6 a 12 meses a 12-25^0 C (Maruyama *et al.*, 1997).

A regeneração de plantas a partir de segmentos nodais encapsulados de *Dalbergia sissoo* (Roxb.), uma espécie de árvore leguminosa produtora de madeira, foi registada por Chand e Singh (2004). Segundo eles, para a produção de sementes sintéticas e subsequente conversão em plântulas, os segmentos nodais com primórdios radiculares foram encapsulados utilizando alginato de sódio e cloreto de cálcio como matriz gelificante. A melhor complexação do gel foi obtida utilizando 3% de alginato de sódio e 75 mmol/lit CaCl2. $_{2H2O}$. A percentagem máxima de resposta (85%) para a conversão de segmentos nodais encapsulados em plântulas foi alcançada em meio 1/2-MS sem reguladores de crescimento de plantas, após 25 dias de cultura. A frequência da conversão de segmentos nodais encapsulados em plântulas foi afetada pela concentração de alginato de sódio e pela presença ou ausência de nutrientes 1/2-MS em pérolas de alginato de cálcio.

Segmentos nodais obtidos de rebentos proliferados *in vitro* de *Eclipta alba* (L.) Hassk, foram encapsulados em esferas de alginato de cálcio por Shashi *et al* (2010) para propagação clonal em grande escala, conservação a curto prazo e intercâmbio e distribuição de germoplasma. De acordo com eles, a melhor complexação do gel foi alcançada utilizando 3% de alginato de sódio e 100 mM de CaCl$_2$ <2H$_2$ O. A percentagem máxima de resposta (100%) para a conversão de segmentos nodais encapsulados em plântulas foi obtida em meio MS de força total solidificado com ágar a 0,7% contendo 0,88 µM de BAP. Concluíram que os segmentos nodais encapsulados podem ser armazenados a baixa temperatura (4^0 C) até 60 dias com uma frequência de sobrevivência de 51,2%.

Segmentos nodais de culturas *in vitro* de rebentos derivados de explantes nodais maduros ou nós cotiledonares axénicos de romã (*Punica granatum* L.) foram encapsulados em hidrogel de alginato de cálcio contendo meio MS suplementado com 1,0 mg/lit BAP e 0,1 mg/lit NAA por Soumendra (2006). De todas as combinações testadas, uma combinação de 3% de alginato de sódio e 100 mM de cloreto de cálcio foi considerada a mais adequada para a formação de sementes sintéticas ideais. Os segmentos nodais encapsulados de ambas as fontes exibiram o maior desenvolvimento de rebentos em meio MS suplementado com 1,0 mg/lit BAP e 0,1 mg/lit NAA e o menor em meio MS (1/2). A germinação e a regeneração mantiveram-se até 30 dias a 4^0 C.

Ahmad e Anis (2010) constataram que o alginato de sódio a 3% com CaCl 100 mM$_2$. H$_2$ O foi o melhor para a formação de sementes sintéticas uniformes e o meio MS suplementado com 0,5 mg/lit + 0,2 mg/lit de NAA foi ótimo para a conversão máxima de plântulas.

As sementes sintéticas podem constituir a única tecnologia realisticamente acessível para o aumento de escala extensivo necessário para a produção comercial de alguns clones. Além disso, Mathur *et al* (1989) relataram que o uso desta tecnologia economizava o meio, o espaço e o tempo necessários. No entanto, na maioria dos casos, foram utilizados embriões somáticos no processo de encapsulamento. Alguns autores (Mathur *et al.*, 1989; Ganapathi *et al.*, 1992; Sharma *et al.*, 1994; Piccioni e Standardi, 1995) descreveram o encapsulamento de propágulos vegetativos, tais como gemas axilares ou pontas de rebentos, que podem ser utilizados para a propagação clonal em massa, bem como para a conservação a longo prazo de germoplasma.

A tecnologia de sementes sintéticas pode ser considerada uma aplicação importante da micropropagação, que pode constituir uma ajuda valiosa para a propagação clonal económica em grande escala e para a conservação do germoplasma de *Sterculia urens* selecionado e de elite. O presente estudo centrou-se principalmente na preparação de sementes sintéticas utilizando o encapsulamento em alginato de explantes nodais. Uma vez que as sementes de *Sterculia urens* são sensíveis à dessecação e perdem a germinação com o aumento do período de armazenamento, este método ajuda certamente na preservação do germoplasma de *Sterculia urens* e na propagação clonal devido à sua vantagem adicional.

3.6. **Encapsulamento e formação de esferas**

Material vegetal

As sementes de *Sterculia urens* foram obtidas da fundação Kovela, uma organização não governamental, Visakhapatnam AP, Índia.

Reagentes utilizados (Apêndice): Alginato de sódio (2 - 6%), CaCl$_2$. 2H$_2$ O (100 mM), meio MS basal, reguladores de crescimento de plantas, BAP (3mg/lit), TDZ (0,2mg/lit), NAA

(2mg/lit) e IBA (1,0 mg/lit).

Esterilização

Esterilização superficial de sementes

As sementes saudáveis foram colhidas e tratadas com ácido sulfúrico concentrado durante um minuto, lavadas cuidadosamente com água corrente da torneira e com Teepol a 5% (p/v) durante 10 minutos, seguido de tratamento com Bavistin (1%), um fungicida comercial, durante 5 minutos. Em seguida, as sementes foram esterilizadas à superfície com HgCl2 a 0,1% (p/v) durante 5 minutos. Lavadas cuidadosamente com água destilada estéril e deixadas de molho por 24 horas. Todos os passos da esterilização de superfície foram efectuados sob uma unidade de fluxo de ar laminar que foi limpa com álcool antes de ser utilizada.

Preparação do Explante

As sementes embebidas e esterilizadas à superfície foram secas à superfície em papel de filtro Whatman No.1 esterilizado e foram germinadas em meio MS suplementado com BAP (1,0 mg/lit) em frascos de 250 ml. Após 30 dias, foram utilizados explantes nodais com botões axilares para encapsulamento.

Matriz de encapsulamento

O alginato de sódio foi adicionado na gama de 2-6 % (p/v) ao meio MS completo com 3% de sacarose. As soluções foram suplementadas com 0,5 mg/lit BAP e 1,0 mg/lit IBA. Da mesma forma, foi preparado cloreto de cálcio 100 mM (CaCl2.2H2O) em meio líquido MS de força total com 3% de sacarose. Ambas as soluções foram autoclavadas separadamente durante 15 minutos a uma temperatura de $121°$ C e a uma pressão de 15 lb/in^2 depois de ajustar o pH para 5,6 - 5,8.

Formação de pérolas

Os grânulos foram formados deixando cair explantes nodais misturados com solução de alginato de sódio em CaCl2. 2H2O num frasco, colocado num agitador orbital a 80 rpm. Os grânulos resultantes (0,5-0,8 cm de diâmetro) contendo os explantes nodais aprisionados foram deixados na solução de cloreto de cálcio durante 30 minutos para complexação. Estes foram recuperados utilizando uma rede de nylon e os vestígios de cloreto de cálcio foram removidos por lavagem com água destilada esterilizada. Um conjunto de gemas encapsuladas (100) foi armazenado em petridishes estéreis (20 / prato) forrados com papel de filtro

Whatman No.1 húmido e estéril a 4^0 C até 6 meses e a frequência de emergência de rebentos foi anotada. Um outro conjunto de botões não encapsulados (100) foi armazenado nas mesmas condições para servir de controlo. Para cada experiência foram utilizados 100 explantes e a experiência foi repetida três vezes.

3.7. Regeneração a partir de sementes sintéticas

Meio de cultura

Foram preparados quatro tipos diferentes de meio: 1. meio MS basal 2. Meio MS basal suplementado com 0,2 mg/lit TDZ 3. Meio MS basal suplementado com 3,0 mg/lit BAP 4. Meio basal MS suplementado com 0,5 mg/lit BAP e 2,0 mg/lit NAA. O pH de todos os meios foi ajustado para 5,7 antes da autoclavagem. Foi adicionado ágar a uma concentração de 0,8% e esterilizado a 121^0 C e a uma pressão de 15 lb/in^2 durante 20 minutos.

Inoculação

Os botões axilares encapsulados e não encapsulados armazenados a 4^0 C foram secos entre papéis de filtro e inoculados em diferentes meios em diferentes intervalos de tempo (0,2,4 e 6 meses) e a sua resposta foi observada. As culturas foram transferidas para um meio novo após um intervalo de quatro semanas. Para cada experiência foram utilizados 100 explantes e a experiência foi repetida três vezes.

Condições de cultura

Todas as culturas foram incubadas a 25 ± 2^0 C com um fotoperíodo de 16 horas e com 60% de humidade relativa. A intensidade da luz de 40-50 µmol m⁻ 2 s⁻ 1 foi fornecida através de tubos fluorescentes brancos e frios.

Efeito do alginato de sódio na encapsulação

O efeito de diferentes concentrações de alginato de sódio no encapsulamento e na formação de grânulos é apresentado na Tabela 3.1. Das três concentrações de alginato de sódio utilizadas, os melhores resultados no que respeita à formação de cápsulas foram obtidos com alginato de sódio a 4% (Fig. 3.1). Assim, nos estudos subsequentes, foi utilizado o encapsulamento com alginato de sódio a 4%.

Tabela: 3.1 Efeito do alginato de sódio no encapsulamento e na emergência de rebentos

Concentração de alginato de	N.º de pérolas testadas	Qualidade das contas	Frequência de conversão

sódio (%)			das contas *
2	100	Demasiado suave	54.67±1.33
4	100	Empresa	93.33±1.33
6	100	Difícil	33.33±2.67

* Os valores representam as médias (±SE) de três experiências independentes.

Efeito do período de armazenamento na emergência de rebentos de gemas encapsuladas

O efeito do armazenamento na emergência de rebentos de gemas encapsuladas foi apresentado no Quadro 3.2. Os resultados indicam que as pérolas com 2 meses de idade mostraram uma taxa de conversão mais elevada, seguida das pérolas com 4 meses de idade e das pérolas com 6 meses de idade.

Resposta dos gomos encapsulados

A resposta *in vitro* de gemas axilares encapsuladas de *Sterculia urens* foi apresentada no Quadro 3.2. A emergência de rebentos a partir de explantes nodais encapsulados demorou 15-21 dias em meio MS basal (Fig. 3.2) e 10-15 dias em meio MS basal suplementado com reguladores de crescimento (Fig. 3.3). Com o aumento do armazenamento, o tempo necessário para a emergência de rebentos a partir de botões encapsulados também aumentou e demorou 21-30 dias. Dos quatro meios testados, a frequência de emergência de rebentos foi máxima em MS + 0,2TDZ (94±0,57) seguido de MS + 3BAP (91±0,57) e a frequência diminui à medida que o tempo progride de 0 a 6 meses. Os botões não encapsulados (controlo) não responderam nos quatro meios diferentes a partir do segundo mês.

Tabela: 3.2 Efeito do período de armazenamento e do tipo de regulador de crescimento na emergência de rebentos de gemas encapsuladas

Tipo de mediu m		Período de armazenamento em meses							
		0		2		4		6	
		N.º de explantes cultivados	N.º de explantes respondidos *	N.º de explantes cultura d	N.º de explantes respondidos*	N.º de explantes cultivados	N.º de explantes respondidos*	N.º de explantes cultivados	N.º de explantes respondidos*
EM	Não encapsulado d	100	70.66±0.3 3	100	0.00	100	0.00	100	0.00
	encapsular d	100	71±0.57	100	64±2.31	100	42.67±1.76	100	36±2

MS+3 B	Não encapsulado d	100	91±0.57	100	0.00	100	0.00	100	0.00
	encapsular d	100	91.33±0.6 6	100	88.67±0.33	100	77.33±1.45	100	69.33±1.76
MS+0. 2TDZ	Não encapsulado d	100	94±0.57	100	0.00	100	0.00	100	0.00
	encapsular d	100	95±0.57	100	90.66±0.66	100	80±0.57	100	73.33±1.33
MS+0. 5B+2N AA	Não encapsulado d	100	89.66±0.3 3	100	0.00	100	0.00	100	0.00
	encapsular d	100	90±0.57	100	87.66±0.33	100	77.67±1.45	100	64±2.31

*Cada valor representa a média±SE de três réplicas. ** Nível de significância de 1% (p<0,01).

Fig 3.1: Efeito de 2%, 4% e 6% de alginato de sódio no encapsulamento e na formação de esferas

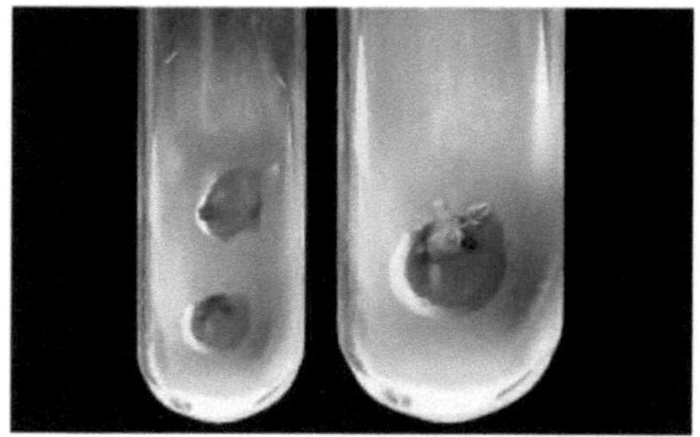

Fig 3.2: Emergência de rebentos a partir de explantes nodais encapsulados em meio MS basal

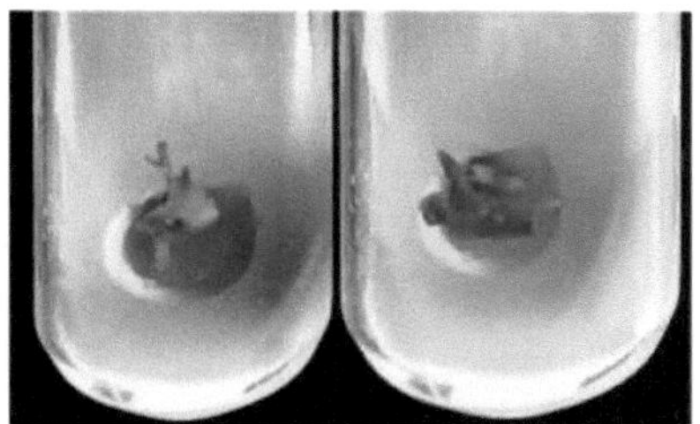

Fig 3.3 : Emergência de rebentos de explantes nodais encapsulados em meio MS basal suplementado com reguladores de crescimento (0,2 TDZ e 3 BAP, mg/lit)

No presente estudo, o alginato foi escolhido para o encapsulamento devido à sua baixa toxicidade para os micropropágulos e à sua rápida gelificação. Melhora a formação da cápsula e a rigidez das esferas de alginato proporciona uma melhor proteção dos micropropágulos encapsulados contra lesões mecânicas. A vantagem do alginato em relação a outros géis, como o ágar, a carboximetilcelulose, a carragenina, etc., foi indicada por Redenbaugh (1993).

A partir da presente investigação, verificámos que a capacidade de polimerização do alginato de sódio variava acentuadamente em diferentes concentrações (2-6%) quando utilizado para encapsular os botões. A dureza ou rigidez da cápsula depende principalmente do número de iões de sódio trocados com iões de cálcio. Por conseguinte, a concentração dos dois agentes gelificantes, ou seja, alginato de sódio e $CaCl_2.2H_2O$, e o tempo de complexação devem ser optimizados para a formação da cápsula com uma dureza e rigidez óptimas. O princípio fundamental do processo de encapsulamento em alginato é o facto de as gotículas de alginato de sódio que contêm os explantes nodais, quando mergulhadas na solução de $CaCl_2. 2H_2O$ formam grânulos redondos e firmes devido à troca iónica entre o Na^+ no alginato de sódio e o Ca^{2+} na solução de $CaCl_2. 2H_2O$. No presente estudo, foram obtidas pérolas muito firmes, claras e isodiamétricas, de tamanho e forma viáveis e uniformes, quando o alginato de sódio a 4% foi complexado com $CaCl_2. 2H_2O$ durante meia hora. Concentrações de alginato de sódio inferiores a 4% não foram adequadas, uma vez que os grânulos eram demasiado moles para serem manuseados, enquanto que em concentrações mais elevadas (6%), eram demasiado viscosos, mais duros e dificultavam o aparecimento de rebentos. A influência da concentração óptima (4%) de alginato de sódio na qualidade das pérolas e na emergência de rebentos a partir de explantes nodais encapsulados está de acordo com os relatórios anteriores (Mathur et al., 1989; Ghosh e Sen, 1994; Castillo et al., 1998; Jaydip Mandal et al., 2000) sobre diferentes espécies de árvores.

A frequência de conversão foi mais elevada quando se utilizou alginato de sódio a 4%. Isto pode dever-se a uma melhor proteção e viabilidade dos explantes nodais sem qualquer lesão mecânica e a firmeza das esferas permite a troca de nutrientes entre os explantes nodais encapsulados e o meio.

Os explantes nodais encapsulados carecem do revestimento da semente (testa) e do endosperma, que fornecem proteção e nutrição aos embriões zigóticos nas sementes em desenvolvimento. Por conseguinte, foram adicionados nutrientes e reguladores de crescimento à matriz de encapsulamento para servir de endosperma artificial. A importância do endosperma artificial foi dada por Jaydip *et al.* (2000) e Soumendra (2006), onde a adição de nutrientes e reguladores de crescimento à matriz de encapsulamento dos gomos axilares de *Ocimum americanum* (Jaydip *et al.* 2000) e explantes nodais maduros ou nós cotiledonares axénicos de romã (*Punica granatum* L. Soumendra, 2006) resultou num aumento da eficiência da germinação e da viabilidade dos gomos encapsulados até seis meses. Danso e Ford-Lloyd (2003) também afirmaram que a adição de um regulador de crescimento aumenta significativamente a regeneração das plantas.

No presente estudo, a regeneração de explantes nodais encapsulados foi alcançada com sucesso com o crescimento subsequente em meio MS e também em meio MS suplementado com diferentes reguladores de crescimento. Há uma diferença significativa na frequência percentual e na natureza da resposta devido a diferentes reguladores de crescimento fornecidos ao meio. A frequência máxima de emergência de rebentos a partir de gemas axilares encapsuladas foi obtida em MS + TDZ, seguida de MS + BAP e MS + BAP + NAA. A superioridade do TDZ também foi relatada em gemas axilares encapsuladas de *Cannabis sativa* L. (Lata *et al.*, 2009). No capítulo anterior, referimos a superioridade do TDZ em relação a outras citocininas; isto pode ser verdade mesmo para gemas axilares encapsuladas de *Sterculia urens*.

Os botões não encapsulados inoculados em meio MS e também em meio MS suplementado com diferentes reguladores de crescimento mostraram uma emergência de rebentos semelhante à dos botões encapsulados antes do armazenamento. Mas depois do armazenamento a 4^0 C os botões não encapsulados tornaram-se necróticos em 6-7 dias e não conseguiram regenerar-se. Isto pode dever-se à falta de condições de armazenamento adequadas e à falta de nutrientes.

A partir da presente investigação, compreende-se que a caraterística mais desejável dos explantes encapsulados é a sua capacidade de manter a viabilidade em termos de crescimento e capacidade de conversão após o encapsulamento. Resultados semelhantes foram observados por Micheli *et al* (2007) em *Olea europaea*.

3.8. Conclusão

A tecnologia de sementes sintéticas oferece um enorme potencial para a micropropagação e a conservação do germoplasma de *Sterculia urens*. A conservação do germoplasma através da cultura de tecidos requer cerca de 5 a 6 subculturas em meio fresco, o que pode causar variações na morfologia da planta. Assim, esta tecnologia de encapsulamento pode ser adaptada para reduzir o risco de subcultura, o custo de manuseamento e o risco de contaminação durante a subcultura, mas é necessária mais investigação para aperfeiçoar a tecnologia de modo a poder ser utilizada à escala comercial.

APÊNDICE

Preparação de soluções de reserva

Todos os produtos químicos foram obtidos da Qualigens e todos os reguladores de crescimento vegetal da Hi- Media.

Preparação do meio MS

Stock-1: Macronutrientes (10X/lit)

Nitrato de potássio (KNO3)	-19	gm
Di-hidrogenofosfato ortofosfato de potássio (KH2PO4)		-1,7 gm
Nitrato de amónio (NH4NO3)	-16	,5 gm
Sulfato de magnésio (MgSO4.7H2O)	-3	,7 gm

Aumentar o volume para 100 ml com água bidestilada.

Stock-II: Micronutrientes (100X/lit)

Sulfato de zinco (ZnSO4.7H2O)	-860	mg
Sulfato de manganês (MnSO4.4H2O)	-2230	mg
Ácido bórico (H3BO3)	-620	mg
Sulfato de cobre (CuSO4.5H2O)		-2,5 mg
Cloreto de cobalto (CoCl2.6H2O)		-2,5 mg
Molibdato de sódio (Na2MoO4)	-25	mg

Aumentar o volume para 100 ml com água bidestilada.

Stock-III: Caldo de ferro (10X/lit)

Sulfato ferroso (FeSO4.7H2O)	-278	mg
EDTA de	sódio-373	mg

Aumentar o volume para 100 ml com água bidestilada.

Stock-IV: Vitaminas (100X/lit)

Tiamina	HCl-10	mg
Piridoxina	HCl-50	mg

Ácido nicotínico - 50   mg

Glicina-200   mg

Aumentar o volume para 100 ml com água bidestilada.

Stock-V (10X/lit)

Cloreto de cálcio ($CaCl_2.2H_2O$)   -   4,4 gm

Aumentar o volume para 100 ml com água bidestilada.

Stock-VI (100X/lit)

Iodeto de potássio (KI)   -   83 mg

Aumentar o volume para 100 ml com água bidestilada.

Mioinositol-   100 mg/litro

Sacarose-   2% (20 gm/lit)

Agar -Agar   -   0,8% (8 gm/lit)

pH-   5.6-5.8

A solução de Hoogland:

Macronutrientes

$MgSO_4$ -   0,52 gm

$Ca(NO_3)_2.H_2O$ -   0,94 mg

KNO_3 - $0.66g^m$

$NH_4H_2PO_4$ - $0.12\ g^m$

Quelato de ferro   0,07 ml

Micronutrientes:

H_3BO_3 -   28,0 gm

$MnSO_4$ - $34.0\ g^m$

$CuSO_4$ - $1.0\ g^m$

$ZnSO_4$ - $2.2\ g^m$

(NH4)6Mo7O2   - $1 \cdot 0 \text{ g}^{m}$

H2SO4 -   5 ml/litro

Adicionou-se 0,1 ml de solução de micronutrientes a 1 litro de solução de macronutrientes.

Benzilaminopurina (BAP) 1mM em stock:

Foram pesados 22,52 mg de BAP num copo seco, adicionados 0,5 ml de NaOH 1 N e misturados. Adicionou-se lentamente água bidestilada, com agitação, para ajustar o volume final a 100 ml e armazenou-se a 4^0 C.

Estoque de tidiazurão (TDZ) 1mM:

Pesaram-se 22 mg de TDZ num copo seco, adicionaram-se 0,3-0,5 ml de NaOH 1 N e misturou-se. Adicionou-se lentamente água bidestilada, com agitação, para ajustar o volume final a 100 ml e armazenou-se a 4^0 C.

Caldo de cinetina (KIN) 1mM:

Foram pesados 21,52 mg de KIN num copo seco, foram adicionados 0,3-0,5 ml de NaOH 1 N e misturados. Adicionou-se lentamente água bidestilada, com agitação, para ajustar o volume final a 100 ml e armazenou-se a 4^0 C.

Ácido 2, 4-dicloro-fenoxiacético (2, 4-D) 1mMstock:

Foram pesados 22,1 mg de 2,4-D num copo seco, 0,3-0,5 ml de NaOH 1N (0,5 ml) e, em seguida, foi adicionada água bidestilada, gota a gota, agitando. Inicialmente ocorre precipitação, que desaparece após aquecimento da solução a 30^0 C. Perfazer até 100 ml.

Ácido indole-acético (IAA) 1mM em stock:

Dissolveram-se 17,52 mg de IAA em 0,3-0,5 ml de NaOH 1N e adicionou-se lentamente água bidestilada, completando-se o volume final para 100 ml e armazenando-se a 4^0 C.

Ácido naftalenoacético (NAA) 1mM em stock:

Foram dissolvidos 18,62 mg de NAA em 0,5 ml de dimetilsulfóxido (DMSO). Adicionou-se lentamente água bidestilada com agitação e o volume foi completado até 100 ml e armazenado a 4^0 C.

Nota: Se ocorrer precipitação, adicionar 1 ou 2 gotas de HCl.

Ácido indole butírico (IBA) 1mM em stock:

Dissolveram-se 20,32 mg de IBA em NaOH 1N e adicionou-se lentamente água bidestilada, completando-se o volume final para 100 ml e armazenando-se a 4^0 C.

Ácido giberélico (GA3) 1mM em stock:

Foram adicionados lentamente 34,63 mg de GA3 dissolvidos em NaOH 1N e água bidestilada e o volume final foi completado para 100 ml e armazenado a 4^0 C.

0,1%HgCl2:

Dissolveu-se 100 mg de cloreto de mercúrio em 100 ml de água esterilizada e utilizou-se.

1% Bavistina

Dissolveu-se 1 grama de Bavistin em 100 ml de água esterilizada e utilizou-se.

Alginato de sódio (2%, 4% e 6%)

2g, 4g e 6g de alginato de sódio foram dissolvidos separadamente em 100ml de água destilada.

100mM CaCl2.2H2O:

1,42 gramas de CaCl2.2H2O foram dissolvidos em 100 ml de água destilada.

REFERÊNCIAS

Adriani M., Piccioni E. e Standardi. (2000). Efeitos de diferentes tratamentos na conversão de sementes sintéticas de kiwis Hayward em plantas inteiras após encapsulamento de gomos derivados *in vitro*. *NZ. J. Crop. Hort. Sci.* 28: 59-67.

Ahmad N. e Anis M. (2010) Regeneração direta de plantas a partir de segmentos nodais encapsulados de *Vitex negundo*. *Biologia Plantarum.* 54 (4): 748-752.

Aitken-Christie J. e Connett M. (1992). Micropropagação de árvores florestais, em *Sistemas de produção de transplantes*. Kluwer Academic Publishers. The Netherlands. pp: 163-194.

Ananthakrishnan G., Xia X., Elman C., Singer S., Paris H.S., Gal-On A. e Gaba V. (2003). Produção de rebentos em abóbora (*Cucurbita pepo*) por organogénese *in vitro*. *Plant Cell Rep. 21:* 739-746.

Anis M., Husain M.K. e Shahzad A. (2005). Regeneração *in vitro* de plântulas de *Pterocarpus marsupium* (Roxb.), uma árvore leguminosa ameaçada de extinção. *Curr Science.* 88: 861-863.

Anitha S. e Pullaiah T. (2001). Propagação in vitro de *Sterculia foetida* Linn. (Sterculiaceae). *Biotecnologia de células vegetais e biotecnologia molecular.* 2: 139144.

Anjaneyulu C., Shyamkumar B. e C. C. Giri. (2004). Embriogénese somática a partir de culturas de calos de *Terminalia chebula* Retz.: uma árvore medicinal importante. *Árvores - Estrutura e Função.* 18 (5): 547-552.

Anónimo. (1992). Plantas úteis da Índia. Direção de publicação e informação CSIR. New Delhi. N992. P: 601.

Ballester A., janeiro L.V. e Vieitez A.M. (1997) Armazenamento de culturas de rebentos e encapsulamento em alginato de pontas de rebentos de *Camellia japonica* e *C.reticulata* Lindley. *Sci. Hortic.* 71:67-78

Baskaran P. e Jayabalan N. (2005). Um sistema de micropropagação eficiente para *Eclipta alba* - uma erva medicinal valiosa. *In Vitro Cell. Dev. Biol.-Plant.* 41: 532-539.

Bates S., Preece J.E., Navarrette N., Van Sambek J.W. e Gaffney G.R. (1992). Thidiazuron estimula a organogénese de rebentos e a embriogénese somática em freixo branco (*Fraxinus americana* L.). *Plant Cell Tissue Organ Cult.* 31: 21-30.

Bolar J.P., Norelli J.L., Aldwinckle H.S., Hanke V. (1998). Um método eficiente para o enraizamento e aclimatação de cultivares de macieira micropropagadas. *Hort. Science.* **37**: 1251-1252.

Bonga J.M. e Durzan D.J. (1987). Cultura de células e tecidos em silvicultura, Princípios gerais e Biotecnologia, 1: 187.

Borner A. (2006). Preservação dos recursos genéticos vegetais na era da biotecnologia. *Biotechnol J* 1: 1393-1404.

Buddendorf-Joosten J.M.C. e Woltering E.J. (1994). Componentes do ambiente gasoso e seus efeitos no crescimento e desenvolvimento das plantas *in vitro. Plant Growth Regul.* 15: 1-16.

Capuano G., Piccioni E. e Standardi A. (1998) Efeito de diferentes tratamentos na conversão de sementes sintéticas do porta-enxerto de macieira M.26 obtidas a partir de gomos micropropagados apicais e axilares encapsulados. *J. Hortic. Sci. Biotechnol.* 73(3): 299-305

Castillo B., Smith M.A.L. e Yadava U.L. (1998). Regeneração de plantas a partir de embriões somáticos encapsulados de *Carica papaya* L. *Plant Cell. Rep.* **17**: 171176.

Chalupa V. (1981). Commun Inst For Czech 12 : 255-271.

Chand P.K., Sahoo Y., Pattnaik S.K. e Patnaik S.N. (1995). Cultura de meristemas *in vitro* - uma estratégia eficaz de conservação ex situ para germoplasma de amoreira de elite.

In Mohanty RC (eds) Environment: Change and Management, Kamalraj Enterprises. Nova Deli. Índia. pp: 127-133.

Chand S. e Singh A.K. (2004a). Regeneração *in vitro* de rebentos a partir de explantes de nós cotiledonares de uma árvore leguminosa polivalente, *Pterocarpus marsupium* Roxb. *In Vitro Cell Dev Biol.* 40: 167-170.

Chand S., Singh A. K. (2004). Regeneração de plantas a partir de segmentos nodais encapsulados de *Dalbergia sissoo* Roxb. - árvore leguminosa produtora de madeira. *J. Plant Physiol.* 161:237-243.

Conner A. J. e Thomas M.B. (1982). Re-estabelecimento de plântulas a partir de cultura de tecidos - *Uma* revisão, *Comb Proc Int Plant Prop Soc.* 31: 342-357.

Core E.L. (1955). Taxonomia de plantas. Sterculiaceae prentile Hall, Inc USA. pp: 358

Danso K E., Ford-Lloyd B V. (2003) Encapsulation of nodal cuttings and shoot tips for storage and exchange of cassava germplasm (Encapsulamento de estacas nodais e pontas de rebentos para armazenamento e intercâmbio de germoplasma de mandioca). *Plant Cell Rep* **21**: 718-725

Desjardins Y. (1995). Fotossíntese *in vitro* - sobre os factores que regulam a assimilação do CO_2 em sistemas de micropropagação. *Ata Hort.* 393: 45-61.

Diettrich B., Mertinat H. e Luckner M. (1992). Redução da perda de água durante a aclimatação ex vitro de plantas clonais micropropagadas de *Digitalis lanata*. *Biochem. Physiol. Pflanz.* 188: 23-31.

Distabanjong K. e Geneve R. (1997). Formação de múltiplos rebentos a partir de segmentos de nós cotiledonares de um *botão vermelho oriental*. *Plant Cell Tissue Organ Cult.* 47: 247-254.

Durzan D.J. (1980). Progresso e promessa em genética florestal. In: Actas 50th Conferência do Aniversário, Ciência e Tecnologia do Papel. Instituto de Química do Papel, Appeton, Wincosin, 31-60.

Fernandez, (1964). Gomas e resinas. Folheto florestal indiano n.º 174. Instituto de Investigação Florestal MEP, Dehradun. pp: 8.

Feyissa T., Welander M. e Negash L. (2005). Micropropagação de *Hagenia abyssinica*: A multipurpose tree. *Plant Cell Tissue Organ Cult.* 80: 119-127.

Fila G., Ghashghaie J., Hoarau J. e Cornic G. (1998). Fotossíntese, condutância foliar e relações hídricas de porta-enxertos de videira cultivados *in vitro* em relação à aclimatação. *Physiol. Plant.* 102: 411-418.

Fowke L.C., Attree S.M. e Pomeroy M.K. (1994). Produção de sementes sintéticas de abeto branco (*Picea glauca* [Moench] Voss.) vigorosas e tolerantes à dessecação num bioreactor. *Plant Cell Rep.* 13: 601-606.

Fujii J.A., Slade D.T., Redenbaugh, K e Walker, K (1987). Artificial seeds for plant propagation (Sementes artificiais para propagação de plantas), *Trends in Biotechnology* 5: 335-339

Gamborg O.L., Miller R.A. e Ojima K. (1968). Exp Cell Res. 50 :

Ganapathi T.R., Suprasanna P., Bapat V.A. e Rao P.S. (1992). Propagação de bananeira através de pontas de rebentos encapsuladas. *Plant Cell Rep.* 11: 571-575.

Gautheret R.J. (1939). Sur la possibilite de realiser la culture indefinite des tissue de tubercules de carotte. *C. R. Acad. Sci.* (Paris). 208: 118-120.

Gharyal P.K. e Maheshwari S.C. (1982). Formação de plântulas em culturas de tecidos da planta sensível *Mimosa pudica* L. *Z. Pflanzenphysiol.* 105 : 179-182.

Ghosh B. e Sen S. (1994). Regeneração de plantas a partir de embriões somáticos encapsulados em alginato de *Asparagus cooperi* Barker. *Plant Cell. Rep.* **13**: 381-385

Gray D.J., Compton M.E., Harrell R.C. e Cantliffe D.J. (1995). Embriogénese somática e tecnologia de sementes sintéticas. In: Bajaj, Y. P. S., ed. Biotecnologia na agricultura e silvicultura. Somatic embryogenesis and synthetic seeds I. Vol. 30. Berlim, Alemanha: Springer- Verlag. 126-151.

Gray D.J., Purohit, A. (1991) Somatic embryogenesis and development of synthetic seed technology. *Crit. Rev. Plant Sci.* 10:33-61

Gupta P.K., Pullman G., Timmis R., Kreitinger M., Carlson W.C., Grob J. e Welty E. (1993). Foresty in the 21st century. Biotecnologia, 11: 454-459.

Haberlandt G. (1902). Kulurversche Mif isolieten *Pflauzellen. Sitz. Akad. Miss*

Hervey R.B.L. (1963). (para john manning paper Co.Inc) US 3,102,838,Sept 3,1963 Tratamento de fibras no fabrico de papel. CHEM ABSTR Vol 60,1964, abstr no. 5745f.

Heung Kyu Moon, Ji Ah Kim, So Young Park, Yong Wook Kim e Ho Duck Kang. (2006) Embriogénese somática e formação de plântulas de uma espécie de árvore rara e ameaçada de extinção, *Oplopanax elatus. Jornal de Biologia Vegetal.* 49 (4): 320-325.

Howes F.N. (1949). Vegetable gums and resins. Chronica Botanica co., Walthuma Mass. pp: 188.

Huetteman C.A. e Preece J.E. (1993). Thidiazuron: uma citocinina potente para a cultura de tecidos de plantas lenhosas. *Plant Cell Tissue Organ Cult.* 33: 105-119.

Husain M.K., Anis M. e Shahzad A. (2007). Propagação in vitro de Indian Kino (*Pterocarpus marsupium* Roxb.) utilizando Thidiazuron. *In Vitro Cell.Dev.Biol.- Plant.* 43: 59-64.

Hussain T.M.D., Chandrasekhar T. e Rama Gopal G. (2007). High frequency shoot regeneration of Sterculia urens Roxb. an endangered tree species through cotyledonary node cultures, Afr. J. Biotechnol. 6 (14): 1643-1649.

Hussain T.M.D., Chandrasekhar T. e Rama Gopal G. (2008). Micropropagação de *Sterculia urens* Roxb. uma espécie de árvore ameaçada de extinção a partir de plântulas intactas. Revista Africana de Biotecnologia. 7 (2): 095-101.

Jaiwal P.K. e Gulati A. (1991). Regeneração *in vitro* de plantas de alta frequência de uma leguminosa arbórea *Tamarindus indica* (L). *Plant Cell Rep.* 10: 569-573.

janeiro L.V., Ballester A. e Vieitez A.M. (1997). Resposta *in vitro* de embriões somáticos encapsulados de camélia. *Plant Cell Tiss. Org. Cult.* 51: 119-126.

Janick J., Kim, Y.H., Kitto, S., Saranga, Y. (1993) Desiccation Synthetic Seed, In: Synseed, Ed: Redenbaugh, K., CRC Press, Inc., Boca Raton, pp. 11-33,.

Jaydip Mandal, Sitakanta Pattnaik e Pradeep K. Chand. (2000). Alginate encapsulation of axillary buds of *Ocimum americanum* 1. (hoary basil), *O. basilicum* 1. (sweet basil*), O. gratissimum* 1. (shrubby basil) and *O. sanctum* 1. (sacred basil) *In Vitro Cell. Dev. Biol.* Plant 36:287-292

Kadlecek P., Tichà I., Capkovà, V. e Schafer C. (1998). Aclimatização de plântulas de tabaco micropropagadas. - In: Garab, G. (ed.): Photosynthesis: Mechanisms and Effects. Vol. V. Pp. 3853-3856. Kluwer Academic Publishers. Dordrecht. Boston. Londres.

Kadlecek P., Tichà I., Capkovà, V. e Schafer C. (1998). Aclimatização de plântulas de tabaco micropropagadas. - In: Garab, G. (ed.): Photosynthesis: Mechanisms and Effects. Vol. V. Pp. 3853-3856. Kluwer Academic Publishers. Dordrecht. Boston. Londres.

Kirtikar K.R., Basu B.D. (1935). Indian Medicinal Plant. Publicação Lalit Mohan. Calcutá. pp 499.

Kitto S.L. e Janick J. (1982). Polyox como um revestimento artificial de sementes para embriões sexuais. *Hort. Sci.* **17**: 448.

Klose e Glicksman. (1972). Gums In; Hand book of food additives.2nd ed., Furia (ed) CRC Press, A Division of the chemical Rubber co., Cleveland, ohio, pp 295- 360.

Kozai T. (1991). Micropropagação em condições fotoautotróficas. - In: Debergh, P.C., Zimmerman, R.H. (ed.): Micropropagation. Tecnologia e Aplicação. pp. 447-469. Kluwer Academic Publishers. Dordrecht. Boston. Londres.

Kozai T. (1991). Micropropagação em condições fotoautotróficas. - In: Debergh, P.C., Zimmerman, R.H. (ed.): Micropropagation. Tecnologia e Aplicação. pp. 447-469. Kluwer Academic Publishers. Dordrecht. Boston. Londres.

Kozai T. e Smith M.A.L. (1995). Controlo ambiental na cultura de tecidos de plantas - introdução geral e visão geral. - In: Aitken-Christie, J., Kozai, T., Smith, M.L. (ed.): Automation and Environmental Control in Plant Tissue Culture. pp. 301-318. Kluwer Academic Publishers. Dordrecht. Boston. Londres.

Lata H., Chandra S., Khan IA., Elsohly M A. (2009) Propagação através do encapsulamento em alginato de gomos axilares de *Cannabis sativa* L.-uma importante planta medicinal. *PhysiolMol Biol Plants* 15:79-86.

Lee Y.K., Won Il Chung e Hiroshi Ezura. (2003). Regeneração eficiente de plantas através de organogénese em abóbora de inverno (*Cucurbita maxima* Duch.). *Ciência das Plantas*. 164: 413-418.

Lisek, A.; Olikowska, T. (2004) Armazenamento *in vitro* de morango e framboesa em esferas de alginato de cálcio a 48^0 C. *Plant Cell Tiss. Organ Cult.* 78:167-172

Lloyd G.G. e McCown B.H. (1980) International Propagators Society Combined Proceedings 30: 421-427.

Mamun A.N., Matin M.N., Bari M.A., Siddique N.A., Sultan R.S., Rahman M.H. e Musa, A.S. (2004). Micropropagação da leguminosa lenhosa *Albizia lebbeck* através de cultura de tecidos. *Pakistan J Biol Sci.* 7: 1099-1103.

Mante S., Scorza R. e Cordtsth J. (1989). A Simple, Rapid Protocol For Adventitious Shoot Development From Mature Cotyledons of *Glycine max* cv Bragg. *In Vitro Cellular & Developmental Biology.* 25 (4): 385-388.

Maruyama E., Kinoshita I., Ishii K., Ohba K. e Saito A. (1997). Conservação de germoplasma das árvores da floresta tropical, *Cedrela odorata* L., *Guazuma crinita* Mart. e *Jacaranda mimosaefolia* D. Don., através do encapsulamento da ponta do rebento em alginato de cálcio e armazenamento a 12-258C. *Plant Cell Rep.* 16: 393-396.

Mascarenhas A.F. e Muralidhan E.M. (1989). Cultura de tecidos de árvores florestais na Índia. *Curr. Science.* 58: 606-612.

Mathur J., Ahuja P.S., Lal N. e Mathur A.K. (1989). Propagação de *Valeriana wallichii* DC usando brotos apicais e axiais encapsulados. *Plant Sci.* 60: 111-116.

Maximova S.N., Young A., Pishak S., Miller C., Traore A. e Guiltinan M.J. (2005) Integrated system for propagation of *Theobroma cacao* L. In: Jain SM, Gupta PK (eds) Protocol for somatic embryogenesis in woody plants. Springer, Países Baixos. pp: 209-227.

McKersie B D. e Bowley S.R. (1993) Artificial seeds of alfalfa. In: Redenbaugh K (ed) Synseeds (pp 235). Califórnia.

Michael E Compton. (1999). O pré-tratamento no escuro melhora a organogénese de rebentos adventícios a partir de cotilédones de melancia diploide. *Plant Cell, Tissue and Organ Culture.* 58: 185-188.

Micheli M., Hafiz I A. e Standardi A. (2007). Encapsulamento de explantes *in vitro* de oliveira (*Olea europaea* L. cv. Moraiolo) II Efeitos do armazenamento no desempenho da cápsula e dos rebentos derivados. *Sci Horti* 113: 286-292

Mok M.C., Mok D.W.S., Turner J.E. e Muser C.V. (1987). Efeitos biológicos e bioquímicos de derivados de fenil ureia activos de citocinina em sistemas de cultura de tecidos. *Hort. Science.* 22: 1194-1197.

Monteuuis O. e Bon M.C. (2000). Influência das auxinas e da escuridão no enraizamento *in vitro* de rebentos micropropagados de *Acacia mangium* madura e juvenil. *Plant Cell Tissue and Organ Culture.* 23: 115-123.

Murashige T. (1977). Culturas de células e órgãos vegetais como práticas hortícolas. *Ata Hort.* 78: 17.

Murashige T. e Skoog F. (1962). Um meio revisto para crescimento rápido e bioensaios com cultura de tecidos de tabaco. *Physiol Plant.* 15: 473-497.

Nair M.N.B., Shivanna K.R. e Mohan Ram H.Y. (1995). Ethephon aumenta o rendimento da goma karaya e a resposta de cicatrização de feridas: um relatório preliminar. *Ciência atual.*69: 809-810.

Nanda R.M. Das P. e Rout G.R. (2004). Propagação clonal *in vitro* de *Acacia mangium* Wild. e sua avaliação da estabilidade genética através de marcador RAPD. *Annals of Forest Science.* 61: 381-386.

Nyende A B., Schittenhelm S., Wagner G M., Greef J M. (2003) Produção, capacidade de armazenamento e regeneração de pontas de rebentos de batata (*Solanum tuberosum* L.) encapsuladas em lâminas ocas de alginato de cálcio. *In Vitro Cell Dev Biol* Plant 39:540-544.

Patan D.H., Wilings R.R., Nicholas W. e Prayor L.D. (1970). Jornal Australiano de Botânica. 18: 175.

Perinet P. e Lalonde K. (1983). Propagação *in vitro* e nodulação da planta hospedeira actinorhizal, *Alnus glutinosa* (L.) Gaertn. Plant *Sci. Lett.* 29: 9-17.

Piccioni E. e Standardi A. (1995). Encapsulamento de gemas micropropagadas de seis espécies lenhosas. *Plant Cell Tiss. Org. Cult.* 42: 221-226.

Pospisilovà J., Solàrovà J. e Catsky J. (1992). Respostas fotossintéticas a stresses durante o cultivo in vitro. *Photosynthetica.* 26: 3-18.

Pradhan C., Kar S., Pattnaik S. e Chand P.K. (1998). Propagação de *Dalbergia sissoo* Roxb. através da proliferação de rebentos *in vitro* a partir de nós cotiledonares. *Plant Cell Rep.* 18: 122-126.

Prakash E., Sreenivasa Rao T.J.V. e Meru E.S. (2006). Micropropagação de lianas vermelhas (*Pterocarpus santalinus* L.) utilizando explantes nodais maduros. *J For. Res.* 11: 329-335.

Preece J.E. e Imel M.R. (1991). Regeneração de plantas a partir de explantes foliares de híbridos *de Rhododendron* P. J.M. *Sci. Hortic.* 48: 159-170.

Preece J.E. e Sutter E.G. (1991). Aclimatização de plantas micropropagadas em estufa e no campo. - In: Debergh, P.C., Zimmerman, R.H. (ed.): Micropropagation. Technology and Application. pp. 71-93. Kluwer Academic Publishers. Dordrecht. Boston. Londres.

Purohit S.D. e Dave A. (1996). Micropropagação de *Sterculia urens* Roxb. uma espécie de árvore em perigo de extinção. *Plant Cell Rep.* 15: 704-706.

Raghava Swamy B.V., Himabindu K. e Lakshmi Sita G. (1992). Micropropagação *in vitro* de pau-rosa de elite (*Dalbergia latifolia* Roxb.). *Relatórios de células vegetais.* 11: 126-131.

Rahman M.M., Amin M.N. e Hossain M.F. (2004). Propagação *in vitro* de figueira-da-índia (*Ficus benghalensis* L.) - uma espécie polivalente e fundamental do Bangladesh. *Plant Tissue Cult.* 14 (2): 135-142.

Rajeswari V. and Paliwal K. (2006) Propagation of *Albizia odoratissima* (L.F.) Benth. from cotyledonary node and leaf nodal *in vitro* explants. *In vitro Cellular and Developmental*

Biology Plant. 42: 399-404.

Rajeswari V. e Paliwal K. (2008). Regeneração de plantas *in vitro* de areias vermelhas (*Pterocarpus santalinus* L.f.) a partir de nós cotiledonares. *Indian Journal of Biotechnology.* 7: 541-546.

Rao N.K. (2004). Plant genetic resources: advancing conservation and use through biotechnology. *Afr JBiotechnol* 3: 136-145.

Rashad Mukhtar, Mumtaz Khan M., Ramzan Rafiq, Adnan Shahid e Farooq Ahmad Khan (2005). Regeneração *in vitro* e embriogénese somática em (*Citrus aurantifolia* e *Citrus sinensis*). *Revista Internacional de Agricultura e Biologia.* 49 (4): 320-325.

Rathore P., Suthar R. e Purohit S.D. (2008). Micropropagação de *Terminalia bellerica* Roxb. a partir de explantes juvenis. *Revista indiana de biotecnologia.* 7: 246-249.

Redenbaugh K. e Walker K. (1990) em *Plant Tissue Culture: Applications and Limitations* (ed. Bhojwani, S.), Elsevier, Amesterdão, pp. 102-135.

Redenbaugh K., Fujii A J A., Slade D. (1993) Hydrated coatings form synthetic seeds. In: Redenbaugh K (ed) Synseeds: applications of synthetic seeds to crop improvement. CRC Press, Boca Raton, Flórida, pp 35-46

Redenbaugh K., Nichol J., kossler M., Paasch B. (1984) Encapsulation of somatic Embryos for artificial seed production. *In vitro. Cell Dev Biol.* 20:256-257

Sanjaya, Bagyalakshmi M., Rathore T. S. e Rai.V.R. (2006). Micropropagação de um sândalo indiano em perigo de extinção (*Santalum album* L.). *Jornal de Investigação Florestal.* 11: 203-209.

Sarkar D., Naik P S. (1998). Factores que afectam a conservação do crescimento mínimo de microplantas de batata *in vitro*. *Euphytica* 102: 275±280.

Saxena S. e Dhavan B. (1999). Regeneração e propagação em grande escala de bambu (*Dendrocalamus strictus* Nees) através de embriogénese somática. *Plant cell Rep.* 18: 438-443.

Sha Valli Khan P.S., Prakash E. e Rao K.R. (1997). Micropropagação *in vitro* de uma árvore de fruto endémica de *Syzygium alternifolium* (Wight.) Walp. *Plant Cell Rep.* 16: 325-328.

Sharma T.R., Singh B.M. e Chauhan R.S. (1994). Produção de gemas encapsuladas livres de doenças de *Zingiber officinale* Rosc. *Plant Cell Rep.* 13: 300-302.

Shashi Kant Singh, Manoj K. Rai, Pooja Asthana e Sahoo. L. (2010) Alginateencapsulation of nodal segments for propagation, short-term conservation and germplasm exchange and distribution of *Eclipta alba* (L.) *Ata Physiologiae Plantarum.* 32(3): 607-610

Shyamkumar B., Anjaneyulu C. e Giri C.C. (2003). Multiple Shoot Induction from Cotyledonary Node Explants of *Terminalia chebula* (Indução de Rebentos Múltiplos a partir de Explantes de Nó Cotiledonar de *Terminalia chebula*). *Biologia Plantarum.* 47 (4): 585-588.

Skoog F. e Miller C.O. (1957). Regulação química do crescimento e formação de órgãos em tecidos vegetais cultivados in vitro. *Symp. Soc. Exp. Biol.* 11: 118-131.

Soumendra K. Naik e Pradeep K. Chand. (2006). Encapsulamento em nutrientes-alginato de segmentos nodais in vitro de romã (*Punica granatum* L.) para distribuição e intercâmbio de germoplasma. *Scientia Horticulturae.*108 (3): 247-252

Standardi A. e Piccioni E. (1998). Perspectivas recentes sobre a tecnologia de sementes sintéticas utilizando explantes não embriogénicos *derivados in vitro. Intern. J. Plant Sci.* 159 (6): 968-978.

Sunnichan V.G., Shivanna K.R. e Mohan Ram H.Y. (1998). Micropropagação de goma karaya (*Sterculia urens*) por formação de rebentos adventícios e embriogénese somática. *Plant Cell Rep.* 17: 951-956.

Taiz, L. e Zeiger. E. (2002) Plant Physiology, Capítulo 23. Abscisic Acid: A Seed Maturation and Antistress Signal, 3ª ed. Sinauer Associates, Inc., Sunderland, MA, pp. 538-558.

Thonner F. 1963 As plantas com flores de África. Cramer. Weinheim. pp: 647.

Thorpe T. A. e Vasil I.K. (1994). Morphogenesis and regeneration, em *Plant cell and tissue culture.* Kluwer Academic Publishers. The Netherlands. pp: 17-36.

Thorpe T.A., Harry I.S. e Kumar P.P. (1991). Application of micropropagation to forestry (Aplicação da micropropagação à silvicultura). *Em* Micropropagation: Technology and Application. Eds. P.C. Debergh e R.H. Zimmerman. Kluwer Academic, Dordrecht, pp: 311-336.

Tiwari S., Shah P. e Singh K. (2004) Propagação *in vitro* de *Pterocarpus marsupium* Roxb.:

Uma árvore medicinal ameaçada de extinção. *Indian Journal of Biotechnology*. 3: 422-425.

Tomar U.K. e Gupta S.C. (1988). Regeneração de plantas *in vitro* de árvores leguminosas (*Albizia* spp.). *Plant Cell Reports*, 7: 385-388.

Upreti J e Dhar U. (1996) Micropropagação de Bauhinia vahlii Wight & Arnott. - uma liana leguminosa. Plant Cell Rep. 16: 250-254.

Van Huylenbroeck J.M. e De Riek J. (1995). Sugar and starch metabolism during *ex vitro* rooting and acclimatization of micropropagated Spathiphyllum "Petite" plantlets. *Plant Sci.* 111: 19-25.

Van Nieuwkerk J.P., Zimmerman R.H. e Fordham I. (1986). Estimulação com Thidiazuron da proliferação de rebentos de macieira *in vitro*. *Hort Science*. 21: 516-518.

Vikas Srivastava, Shamshad A Khan e Suchitra Banerjee. (2009) Uma avaliação da fidelidade genética de microssulcos encapsulados da planta medicinal: *Cineraria maritima* após seis meses de armazenamento. *Plant Cell Tiss Organ Cult*. 99:193-198

Webster S. A, Mitchell S. A, Reid W. A. e Ahmad M. H. (2006) Embriogénese somática a partir de explantes foliares e embrionários zigóticos de *blighia sapida* 'cheese' ackee *In Vitro Cellular and Developmental Biology* - Plant 42(5):467-472.

Whistler R.L. (1973). Gomas industriais: Polysaccharides and their derivatives. Imprensa académica. NY e Londres. 2nd ed. pp: 807.

White PR (1963) (Ed) The Cultivation of Animal and Plant Cells, 2nd Ed. Ronald Press. Nova Iorque.

Yeh-Jin Ahn e Grace Qianhong Chen. (2008). Regeneração *in vitro* de mamona *(Ricinus Communis* L.) usando explantes de cotilédone. *Hort Science*. 43 (I):215- 219.